왕호기심 군,
더부룩 아저씨
뱃속으로 들어가다

중학생을 위한 엽기 생물 교과서

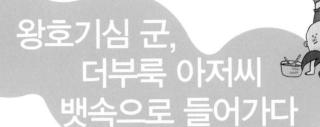

왕호기심 군, 더부룩 아저씨 뱃속으로 들어가다

배미정 지음

살림

엽기 인체탐험에 초대합니다

친구들아~
나는 왕호기심이야.

나는 이름 그대로 호기심이 무지 많아. 나의 이 호기심은
태어날 때부터 시작 되었던 것 같아. 기어다니면서부터 집안의 물건
이 제자리에 있었던 적이 없고, 말을 하면서부터는 엄마와 아빠가
말문이 막혀 화를 낼 때까지 이것저것 꼬치꼬치 묻곤 했어. 그리고
초등학생일 때는 집안에 멀쩡한 물건이 하나도 없었지. 우리 엄마는
온 아파트가 쩌렁쩌렁 울릴 만큼 목소리가 크신데 그게 모두 나 때
문이라나? 가끔 보이는 흰 머리카락도 전부 내 탓이라고 하셔. 하지
만 나는 순전히 내 이름을 이렇게 지으신 아빠 탓이라고 우기지.
엄마한테는 좀 미안하지만 왕성한 호기심으로 인해 이것저것 안 해
본 게 없는 몸이라 사고도 많이 쳤는데, 이런 나도 상상도 하지 못

한 일이 벌어진 거야. 나의 이 왕성한 호기심 덕분에 글쎄 국가기밀 프로젝트에 참가하게 되었지 뭐야. 무슨 일이냐고? 아마 말해도 못 믿을 걸. 뭐냐하면……. 사람 몸속에 들어갔다 나온 거야. 입 안에서 이에 씹혀서 죽을 뻔한 고비도 넘기고 위 속에서는 떠다니는 밥풀도 보고 장 속의 똥에 파묻혀서 다시는 세상구경을 못할 뻔했다니까. 내 말이 거짓말 같으면 함께 가서 직접 확인해보라고. 아무도 해보지 못한 특별한 경험을 할 수 있을 거야.

자~ 나하고 같이 뱃속으로 모험을 떠나보자.

차례

왕호기심 군, 더부룩 아저씨 뱃속으로 들어가다

사람은 호기심 많은 똥기계다

태어날 때부터 호기심이 많아서일까? 아니면 이름 때문에 호기심이 많은 것일까? 암튼 호기심 많고 또 그 호기심을 참지 못하는 나는 방학을 맞이하여 지루한 하루하루를 보내고 있었다. 지루함을 못 이겨 신문의 작은 광고까지 꼼꼼히 살피던 중에 신문 한구석에 실린 흥미로운 광고를 발견했다.

실험 참가자 구함!

밥과 똥에 대한 진실을 알고자 하는 호기심이 강한 사람은 누구나 환영.
단, 비위가 약해 잘 토하고 선천성 깔끔증으로 똥을 끔찍이 싫어하는 사람은 사절.
아무도 해보지 못한 특별한 경험을 할 수 있음.

☎ 1234-1234

나는 호기심에 이끌려 바로 전화를 했다. 그러나 뚜- 뚜- 신호음만 계속 들리고 아무도 받지 않았다. 호기심에 계속해서 전화를 걸

었더니 열한 번째 드디어 통화가 되었다. 전화를 받은 사람은 다짜
고짜 내게 물었다.

"실험에 참가하겠다고?"

"네? 네."

"이름은?"

"왕호기심이요."

"왕호기심 군. 자네는 사람이 무엇이라고 생각하나?"

"예? 우리 아빠 호기심 많은 똥기계라는데요."

"하하하-."

순간 난 가슴이 철렁했다. 이런 바보 같은 대답을 하다니……

"호기심 많은 똥기계라……. 좋아, 마음에 드는군. 실험 참가자를
자네로 하겠네. 내일 내 연구실로 찾아오게. 대신, 몇 가지 조건이
있네."

"뭔데요?"

"첫째, 무슨 일이 있어도 비밀을 지킬 것, 따라서 반드시 혼자 와
야 하네."

"네? 네."

"둘째, 연구소 입구에서 실험실에 도착할 때까지는 다섯 개의 문
을 지나야 하네. 그 문은 자네 힘으로 열고 들어와야 하네."

"문이 무겁나요?"

"하하, 그런 건 아니지만, 문을 열려면 특별한 방법이 필요하다

네. 도착하면 자연히 알게 될 걸세."

"네에……."

"셋째, 자네가 다섯 개의 문을 모두 통과해서 내 실험실까지 오게 된다면 전적으로 내 방식에 따라 실험에 참가해야 하네. 미리 말해 두지만 특별한 경험이니만큼 몇 가지 까다로운 요구사항이 있을 걸세. 이상이네. 어때, 한번 도전해볼 텐가?"

"네, 그건 그런데. 저……, 아저씨는 도대체 누구세요?"

"나? 자네가 실험실에 도착하면 알게 될 걸세. 자, 그럼 내일 보도록 하지."

모든 상황이 너무나 갑작스럽게 일어나 한바탕 꿈을 꾼 것만 같았다. 하지만 내일이면 알게 되겠지.

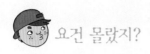 요건 몰랐지?

다양한 사람에 대한 정의

사람은 생각하는 갈대이다. 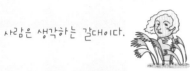 파스칼

사람은 바로 싸우는 자라는 것을 의미한다. 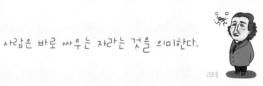 괴테

 사람은 달이다. 저마다 감추려는 어두운 면이 있다. 마크 트웨인

 사람은 도구를 만드는 동물이다. 프랭클린

사람은 반항하는 존재다. 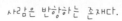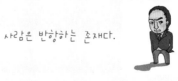 알베르 카뮈

사람은 만물의 척도다.

프로타고라스

사람이란 끊임없이 선택하는데서 행복을 느끼는 존재이다.

쇼핑중독 못 말려 부인

모든 사람은 어리석은 짓을 한다.

바보 온달

사람은 호기심 많은 뚱기계다.

꼬르륵 박사

사람은 정말 호기심 많은 뚱기계다.

아빠와 나

나타났다 사라졌다 하는 첫 번째 문

매일 늦잠 잔다고 엄마한테 혼나던 내가 다음날에는 새벽같이 눈을 떴다. 더 정확하게 말하면 흥분으로 잠을 자지 못하고 밤새 뒤척였다. 부모님이 걱정하실까봐 책상 위에 쪽지를 남긴 채 몰래 집을 빠져 나왔다. 첫 번째 조건이 혼자 오라는 거였으니까!

조금은 두렵기도 했지만 뭔가 굉장한 모험이 기다리고 있을 것 같아 흥분됐다.

드디어 연구소에 도착. 연구소 입구는 거대한 입처럼 생겼고 안은 몹시 어두워서 어디가 끝인지 알 수 없는 긴 터널 같았다. 난 급한 마음에 연구소 입구로 뛰어갔다.

픽!

순간 눈앞에 별이 보였다.

"아이구 아야, 이게 뭐야? 언제 여기에 문이 있었지?"

"똥기계야, 괜찮니?"

아빠였다.

예상치 못한 아빠의 등장에 나는 너무 깜짝 놀라서 아픈 것도 잊어 버렸다.

"아빠! 여긴 어떻게 오셨어요?"

"이 녀석아, 화장실에 갔다가 나오는데 네가 도둑고양이처럼 살금살금 나가길래 따라왔지. 근데 여기는 대체 어딘데 이 새벽에 몰래 온 거야?"

할 수 없었다. 자초지종을 얘기하는 수밖에. 이렇고 저렇고…….

"누군지도 모르는 사람 말을 듣고 이 새벽에 여기까지 왔단 말이야? 더구나 혼자?"

"틀림없이 아주 많은 걸 알고 있는 분일 거예요. 그리고 특별한 경험을 할 수 있다고 했단 말이에요."

"그걸 어떻게 믿어? 어서 집에 가자."

이대로 물러설 내가 아니었다. 아빠와 옥신각신 하다가 일단 안으로 들어가면 아빠도 어쩔 수 없을 거라는 생각에 연구소 입구 쪽으로 달려갔다.

그때 다시 문이 나타났다. 안으로 들어가려고 하면 나타나는 요술 문이었다. 아빠도 그걸 보시더니 깜짝 놀라셨다.

"아까는 없었는데? 여긴 정말 이상한 곳인가 보다. 똥기계, 어서 집에 가자. 도깨비라도 나올 것 같다."

"여기까지 왔는데 난 꼭 들어가 볼 거예요. 앞으로 아빠가 똥기계라고 불러도 화 안 내고, 말씀도 잘 들을게요. 네? 부탁이에요."

내가 가장 싫어하는 똥기계라는 말도 받아들이겠다고 할 정도라면 이건 보통 절실한 게 아니다.

"어? 여기 뭐가 쓰여 있는데?"

문을 뚫어져라 쳐다보던 아빠가 뭔가 발견하셨다.

"뭔데요? 어디 봐요. 문을 열 수 있는 열쇠가 있는 곳을 알려주는 건지도 몰라요."

"글쎄? 열쇠 같은 건 없는 것 같고……. 어디 보자. 무슨 문제 같은 게 써 있는데."

이 곳에 온 여러분을 환영한다.
여러분은 앞으로 다섯 개의 문을 만나게 될 것이다. 환영의 의미로 문을 열 수 있는 열쇠를 여러분에게 줄 것이다. 하지만 세상에 공짜는 없는 법. 문에 달려 있는 단추 중 문제의 정답이라고 생각하는 번호를 누르면 문을 열 수 있다. 기회는 단 한 번뿐이다. 틀리면 어떻게 되냐고? 나를 못 만나는 것은 물론이고, 뱀 눈알을 먹어야 한다. 뱀 눈알 맛이 어떠냐고? 이건 내가 특별히 만든 것으로 입 안에 넣고 씹는 순간 톡 터지면서 쓰디 쓴 젤리가 나오고 도저히 견딜 수 없을 정도로 역겨워져서 이곳에 왔었다는 사실조차 기억할 수 없게 될 것이다.
친절한 설명은 이것으로 끝.

주의점 : 알쏭달쏭한 답이 섞여 있으니 알아서 피해갈 것!

충고 : 자신 없는 사람은 지금 포기할 것!

도전할 준비가 되었나?

첫 번째 문제는 상상력을 필요로 하는 문제.

 밥 먹을 때를 생각해보라. 먼저 숟가락으로 밥을 떠서 입 안에 넣고 잘 씹은 다음 삼킬 테지? 항문으로 밥 먹는 사람은 없을 테니까. 그럼 밥을 씹고 있는 입 안과 밥이 넘어가는 통로는 우리 몸의 안일까, 밖일까? 좀 어렵나?

① 물어보나마나 : 몸 안이다.
② 요눈치조눈치 : 몸 밖이다.
③ 하나마나 : 잘 모르겠다.
④ 막무가내 : 안이든, 밖이든 뭐가 중요해?

"이게 무슨 문제야? 당연히 몸 안이지 별거 아니잖아?"

"아빠, 잠깐만요! 함정 같아요."

어느새 공범(?)이 된 아빠가 별 생각 없이 1번 단추를 누르시려는 것을 급히 말렸다.

"그런가?"

내 말에 아무 생각 없이 서두른 것이 머쓱해진 아빠는 뒤통수를 긁적이셨다.

"상상력을 필요로 하는 문제라고 했으니까……. 음……, 그래 그

거야! 속이 뻥 뚫린 오뎅이다."

나는 2번 단추를 눌렀다. 그러자 육중한 몸체로 우리를 막고 있던
문이 사라졌다.

"속이 뚫린 오뎅……? 똥기계, 그게 뭐니?"

 여기서 잠깐

소화관과 속이 뻥 뚫린 오뎅의 관계

주의점 : 이 방법을 쓰려면 상상력이 풍부해야 한다.

1. 우선 손을 크게 만들자. 사람의 몸을 한 손에 잡을 수 있을 만큼 크게 키워야 한다.
2. 왼손을 사람(평소에 얄미웠던 사람을 택하는 게 좋겠다)의 양쪽 겨드랑이 밑에 넣어 단단히 잡고, 오른손으로 두 다리를 잡는다.
3. 준비가 다 되었으면 힘껏 잡아당겨 몸을 쭉 늘리자. 너무 끔찍하다고? 그러게 얄미운 사람으로 하라고 얘기해줬잖아.
4. 꼬불꼬불한 위와 장이 쭉 펴질 때까지 늘린다.
5. 잡고 있는 사람의 고개를 뒤로 젖히고 입을 크게 벌리게 한 다음 안을 들여다보자. 컴컴해서 잘 안 보인다고? 그럼 손전등으로 비춰봐야지. 무슨 색 양말을 신었는지도 꼭 확인한다.
6. 이번에는 반대쪽 구멍으로 들여다보자. 반대쪽 구멍이 어디인지 모르겠다고? 똥꼬라고들 하더군. 고상하게 항문이라고도 부르지만. 긴 터널 끝에 밤하늘의 달님과 별님이 보였다면 성공.

어때, 이렇게 생각해보니 우리 몸이 소화관이라는 터널이 나 있는 속이 뻥 뚫린 오뎅 같지 않아?

위에서 툭툭 떨어져 내리는 두 번째 문

첫 번째 문 안으로 들어서자 바깥과는 달리 끈끈하고 후텁지근한
데다 고약한 냄새까지 났다.

"아빠, 기분이 나빠요. 몸도 끈적끈적하고."

"아—함, 그러게 말이다."

"문제 속에 열쇠가 있다는 건 생각도 못했어요. 문이 다섯 개고
방금 한 개를 통과했으니까 앞으로 네 개가 남았네요."

"어? 잠깐, 잠깐. 내가 지금 뭘 한 거야? 우린 집으로 가야 하는
거잖아."

"아빠, 벌써 들어왔는데 이왕 들어온 거 끝까지 가봐요."

"안 돼, 안 돼. 돌아가자."

"아빠, 혹시…… 문제를 못 풀까봐 겁나서 그러는 거 아니에요?"

"무슨 소리야? 내가 이래봬도 학교 다닐 때 별명이 '똘똘이'였다
고. 아빠 실력을 보여 줘야겠군. 으악!"

화난 듯이 앞서가던 아빠가 갑자기 비명을 지르셨다. 위에서 갑자
기 하얀 문이 아빠 발 앞으로 툭 떨어졌다가 다시 올라간 것이다.
문에 맞았다면 몸이 두 동강 나거나 납작하게 눌린 오징어 신세가
됐을 거다. 내 앞에도 갑자기 하얀 문이 툭 떨어졌다.

"으악! 아빠."

아빠와 난 문에 맞지 않으려고 이리 뛰고 저리 뛰면서 문을 열 수 있는 문제를 찾았다.

"이거 문제가 어디 있는 거야? 아이고, 이게 무슨 고생이람."

하늘에서 떨어지는 문을 피해 정신없이 왔다갔다 하다가 아빠와 머리가 부딪쳐 나뒹굴던 나는 바닥에서 문제를 발견했다.

"아빠, 여기예요. 바닥에 문제가 있어요."

"똥기계, 빨리 문제가 뭔지 읽어봐."

첫 번째 문을 통과하다니 제법이군.

그럼 이번에는 이(치아, 이빨이라고도 하지. 머리에 기어다니는 이 말고) 에 대한 문제를 내 볼까?

 사람의 이는 모두 몇 개나 될까?

① 얼렁뚱땅 : 20개

② 긴가민가 : 28개

③ 알쏭달쏭 : 32개

④ 막무가내 : ①②③ 모두 맞다.

난 재빨리 혀로 이를 훑어가면서 몇 개인지 세었지만 서둘러서 그런지 헷갈렸다. 그래서 손가락을 넣어서 세려 할 때였다.

"똥기계, 빨리 4번 단추를 눌러. 네 머리 위로 문이 내려오고 있어. 어서!"

아빠의 다급한 외침에 난 생각할 겨를도 없이 4번 단추를 눌렀다. 하늘에서 무서운 기세로 떨어져 내리던 하얀 문이 가벼운 깃털처럼 내 앞으로 사뿐히 내려앉더니 열렸다.

 여기서 잠깐

아빠가 들려주는 치아 이야기

갓난아기가 태어나 엄마 젖을 먹을 때부터 나기 시작하는 이를 젖니라고 하는데, 모두 합쳐 20개이다. 자라면서 젖니가 빠지고 앞으로 계속 쓰게 될 이가 나는데 이것을 간니라고 한다(개는 털갈이, 사람은 이갈이라고 할 수 있지!). 이를 갈고 새로 난 간니는 부러지거나 빠져도 다시 나지 않아 죽을 때까지 쓰는 이라고 해서 영구치라고도 부른다.

간니는 어금니를 합쳐서 모두 28개인데, 사랑니가 나면 최대 32개가 된다. 그러니까 결국 20개, 28개, 32개가 모두 맞는 답이 되는 거다.

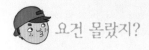 요건 몰랐지?

이에 대한 모든 것을 밝힌다

궁금한 점 : 이는 무엇으로 만들어졌나? 언제 나는가? 어떤 일을 하나?

이를 구성하는 세 가지

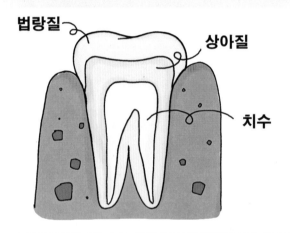

우리 몸에서 가장 단단한 법랑질 : '아' 하고 입을 벌렸을 때 거울에 보이는 이의 흰 부분이 바로 법랑질이다. 텔레비전에서 끈을 입에 물고 차를 끄는 모습이나 공중에 매달린 끈을 물고 서커스를 하는 모습을 본 적이 있을 텐데, 이것은 이가 법랑질로 되어 있기 때문에 가능한 일이다. 씹거나 깨무는 힘은 어른 몸무게인 60~70킬로그램이나 되는데, 어떤 사람은 200킬로그램이 넘기도 한다고.

이의 대부분을 차지하는 상아질 : 이의 대부분을 차지하는 부분으로 옅은 노란색을 띤다. 눈으로 그냥 보면 딱딱하고 견고한 것 같지만, 현미경으로 보면 미세한 구멍이 많다고 한다.

아픔을 느끼는 치수 : 혈관, 신경이 있는 부드러운 부분이다. 이가 자라는 시기에는 혈관을 통해 영양분을 공급하는 역할을 하고, 이가 다 자라고 나면 통증을 느끼는 신경만 남는다. 충치 때문에 아픈 건 미생물에 의해 치수의 신경에 염증이 생겼기 때문이라고 한다.

이가 나는 순서

이는 엄마 뱃속에 있을 때부터 생기기 시작하는데, 태어났을 때 이가 나 있지는 않지만 갓난아기의 뼛속에 젖니뿐 아니라 간니의 씨까지 마련되어 있다. 그래서 젖니가 난 아이의 이는 젖니 20개, 젖니 밑의 간니까지 합하면 52개가 된다. 생후 6개월부터 간니가 나기 시작해서 만 2살 반쯤 되면 젖니 20개가 모두 난다. 만 6–7살부터 이를 갈기 시작해서 초등학교를 졸업할 때쯤이면 간니 28개가 모두 나고, 고등학교 다닐 무렵부터 사랑니가 나는 사람도 있다.

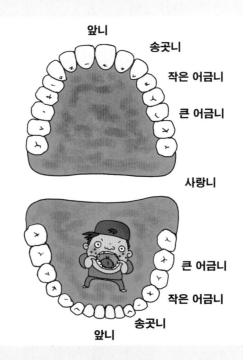

이는 어떤 일을 하나?

앞니 : 거울 앞에서 '이' 했을 때 앞에 보이는 커다란 대문니와 바로 옆에 있는 이를 말한다. 음식을 먹을 때 물고 자르는 이다.

송곳니 : 앞니 옆에 있는 끝이 뾰족한 이. 호랑이나 사자는 길고 날카로워서 다른 동물을 잡아먹을 때 많이 쓰지만 사람은 그만큼 뾰족하지 않다. 질긴 고기를 물어뜯어 잘게 찢도록 도와주는 이다.

어금니 : 입 안쪽에 있는 커다란 이. 음식물을 씹고 잘게 부수고 갈고 으깨는 일을 한다. 작은 어금니와 큰 어금니가 있는데, 큰 어금니의 힘이 더 강하다. 어금니가 튼튼하지 않으면 맛있는 음식을 제대로 먹을 수 없다.

사랑니 : 먼저 솟아난 어금니에 자리를 뺏겨서 비스듬히 나거나 아주 나오지 않는 경우도 있다. 음식 찌꺼기가 잘 끼고 양치질을 할 때 칫솔이 잘 닿지 않아 충치가 되기 쉽다.

구멍이 커졌다 작아졌다 하는 세 번째 문

아빠와 난 두 번째 문 안으로 들어갔다. 문 안쪽은 엄청 가팔라서 무심코 앞으로 발을 내디뎠다가 우당탕, 쿵, 탕 정신없이 굴렀다. 데굴데굴 구르다 보니 갑자기 발이 허공에 떠 있는 기분이 들었다. 아빠가 날 확 잡아끌었다.

"아빠, 왜 그래요? 옷 찢어질 뻔 했잖아요."

"저걸 봐, 똥기계."

세 번째 문이었다. 가운데 동그란 구멍이 뚫려 있는데 그 구멍이 커졌다 작아졌다 하는 모습은 누구든지 지나가기만 해봐라 하면서 잡아먹을 것만 같았다.

"아빠, 내가 저기 낀 거예요?"

"그럴 뻔했지."

발이 아니라 목이 끼었다면? 목 중간이 옴폭 들어가서 맛있는 걸 먹을 때도 걸려서 넘어가지 않고, 친구들이 쏙 들어간 내 목을 한 손으로 잡아 흔들면……. 아 상상만 해도 끔찍하다.

세 번째 문제는 문에 나 있는 구멍 안쪽에 있었다. 구멍이 커질 때는 문제가 나타났다가 구멍이 작아질 때는 사라졌다. 아빠와 나는 문제를 조금씩 외워서 끼워 맞추었다. 확실하지는 않지만 대충 이런 문제였다.

두 번째 문을 통과하다니 만만치 않은 걸. 점점 환영하고 싶어지는 사람들이군.

가파른 길을 걸어왔을 테니 이번 문제는 좀 쉬운 걸로 낼까?

자, 그럼 세 번째 문제

 물구나무를 서서 밥과 국을 먹고 있다. 밥과 국은 어떻게 될까?

① 물으나마나 : 물구나무서서 먹는다고 밥과 국이 안 넘어가나? 잘만 넘어가지.

② 요눈치조눈치 : 밥과 국 건더기는 넘어가고 국물은 콧구멍으로 나온다.

③ 알쏭달쏭 : 밥과 국 건더기는 넘어갔다가 금방 다시 입으로 넘어오지만, 다시 삼키면 넘어간다.

④ 막무가내 : 밥이고 국이고 가릴 것 없이 안 넘어간다.

"정답은 2번!"

"정답은 2번!"

아빠와 난 거의 동시에 외쳤다.

"아니, 똥기계 어떻게 정답이 2번인 줄 알았어?"

"그러는 아빠는요? 아빠도 해봤어요?"

"그런 거 한번쯤 안 해본 사람 있냐? 다 해봤지."

"다른 건 괜찮은데 물이 많이 든 걸 먹는 게 제일 힘들어요. 물이 코로 도로 나오면서 엄청 맵기도 하고요."

"맞아 맞아, 물은 그래도 주스에 비하면 좀 낫지. 거기다 물구나무를 서서 밥을 먹으면 코로 가끔 밥풀도 한두 개 섞여 나와서 애들이 놀리기도 하고……."

아빠와 난 신이 나서 경쟁하듯이 말했다. 아빠가 어렸을 때는 틀림없이 나보다 더한 말썽꾸러기였을 거다.

"근데, 아빠. 우리 안 들어가요?"

"아, 그렇구나. 네가 단추를 누르렴."

2번 단추를 누르자 문에 나 있는 구멍이 최대한 벌어진 후, 다시 오므라들지 않았다.

보이지 않는 네 번째 문

세 번째 문을 들어서자 안은 온통 붉은 빛이었다. 천장이고, 벽이고, 바닥이고 붉은색 물감으로 칠해놓은 것 같았다. 강렬한 붉은색 때문인지 약간 어지러워졌다.

그때였다. 갑자기 바닥이 움직였다. 몸이 휘청휘청하면서 넘어질 것 같았다. 나는 얼른 아빠의 손을 찾아 꼭 잡았다. 아빠와 난 휘청휘청하면서 네 번째 문을 찾아 이리저리 돌아다녔다. 바닥은 쉴 새 없이 움직이고, 점점 더 머리가 아파왔다.

왔던 길을 다시 달려가 보고, 구석구석 다 뒤져보았지만 네 번째 문은 찾을 수 없었다. 눈앞이 어질어질하고, 금방이라도 토할 것처럼 속이 울렁거렸다. 게다가 염치없이 뱃속에서는 꼬르륵 밥 달라고 졸라댔다. 난 그만 지쳐서 주저앉아버렸다.

"아빠, 좀 쉬었다 찾아봐요."

"똥기계야, 잠깐만 일어나 봐."

내가 철퍼덕 주저앉은 바닥에 문제가 적혀 있었던 것이다.

이 문제를 찾아내느라 쓰러진 건 아니겠지?

그렇다고 해서 내가 봐줄 거라고 생각하지는 말게. 이번에는 행운이 필요할 거야.

위를 알고 있겠지? 위라는 말의 뜻이 뭔지 아나?

밥통이라고? 맞았네. 미안하지만 이게 문제는 아닐세. 이렇게 쉬운 문제를 낸다면 자네가 기분 나빠하겠지?

자, 이제 진짜 문제일세.

 밥통이라 할 수 있는 위가 한평생 동안 처리하는 음식물의 양은 얼마나 될까?

① 소심이 : 1톤짜리 작은 트럭 1대분
② 황당이 : 1톤짜리 작은 트럭 5대분
③ 대충이 : 1톤짜리 작은 트럭 50대분
④ 대담이 : 1톤짜리 작은 트럭 500대분

"아빠, 어떻게 해요?"

정말 우리에겐 행운이 필요했다.

"아빠 난 3번이 제일 좋은데, 아빤 몇 번이 좋아요?"

"난 1번이 제일 좋은데……."

"에이, 아빠랑 나랑 맘이 맞으면 그냥 찍을까 했는데 이것도 안 되겠네."

"왕호기심, 그러지말고 계산해보자."

아빠가 날 왕호기심이라고 부르시다니, 이번에는 꽤 진지하신가 보다.

"어떻게요?"

"우리가 하루에 먹는 밥, 과자, 과일 같은 걸 다 합하면 얼마나 될까? 한 2킬로그램 정도 된다 치고 계산해보자."

"그럼 1년이 365일이니까, 2에다 365를 곱하면 되겠네요."

"그래, 사람이 70살까지 산다고 치면 거기다 70을 곱하면……."

문제를 풀 수 있을 것 같아 신나기는 했지만 머리가 좀 아팠다. 숫자가 너무 컸다.

$2 \times 365 \times 70 = ?$

"아, 그럼 2번이구나."

"잠깐, 잠깐만!"

아빠가 말릴 틈도 없이 난 2번 단추를 눌러버렸다.

쾅!

갑자기 넓적하고 네모난 쟁반이 내려와서 머리를 세게 쳤다. 쟁반에는 이렇게 적혀 있었다.

지금까지 온 게 기특해서 기회를 한 번 더 주겠네. 요즘 학생들은 숫자 계산에 너무 약하다니까!

"아빠, 대체 뭐가 틀린 거예요? 2×365×70은 51,100이고 그럼 1톤짜리 트럭 5대분이 맞잖아요."

"천 킬로그램이 1톤이니까 5만 킬로그램이면 50톤이 되는 거지."

"아! 난 또 1톤이 만 킬로그램인 줄 알았죠. 근데 사람이 그렇게 많이 먹는다고요?"

"글쎄 말이다. 나도 너무 많은 거 같기는 하지만 뭐 2번이 아니라니 3번이겠지. 계산 못한다고 욕먹기는 했지만 다시 한 번 기회를 얻었으니 그게 어디야, 안 그래?"

"그건 그래요."

나는 또 머리 위로 쟁반이 떨어지는 건 아닌지 힐끔힐끔 쳐다보면서 조심스럽게 3번 단추를 눌렀다.

갑자기 바닥이 사라지면서 아빠와 난 밑으로 떨어졌다. 네 번째 문이 열린 것이다.

마지막 다섯 번째 문에 도달하다

얼마나 떨어졌을까? 드디어 아빠와 난 바닥에 닿았다. 높은 곳에서 떨어진 것 같은데 이상하게도 아픈 데 하나 없이 멀쩡했다. 일어서서 앞으로 가려는데 머리가 천장에 부딪쳤다. 서서 걷기에는 좁은 통로였다.

"아빠, 기어가야겠어요."

"우리 똥기계 덕에 정말 여러 가지를 해보는군. 엄마한테는 아빠가 기어다녔다고 말하면 안 된다."

한참을 기어가는데 틈새로 환한 불빛이 새어 나오는 문이 보였다. 드디어 다섯 번째 문에 도달한 것이다. 마지막 문은 손잡이가 없다는 것만 빼고는 그냥 평범한 문이었고, 안에서 누군가 열어주기만 하면 될 것 같았다. 문제는 내 눈 높이에 맞춰 적혀 있었다.

드디어 마지막 문에 도달했군.

자네만큼이나 나도 자네가 누구인지 궁금하다네. 나를 만나는 데 성공할지 알 수는 없지만 여기까지 온 것을 축하하네.

마지막이니만큼 조금 특별한 문제를 준비했네. 행운을 비네.

자, 다섯 번째 문제일세.

 사람의 몸은 세균의 천국이라고 할 만큼 세균이 많다네. 우리가 먹은 음식물이 통과하는 길목마다 어김없이 세균들이 진을 치고 살고 있다고 할 수 있지. 자 그러면 다음 중에서 세균의 수가 가장 많은 곳은 어디일까?

① 얼렁뚱땅 : 이 사이에 낀 음식 찌꺼기 1그램
② 알쏭달쏭 : 소장 1그램
③ 물으나마나 : 맹장 1그램
④ 막무가내 : 똥 1그램

답을 모르는 사람은 잘 가게, 그동안 수고 많았네. 다시는 연락하지 않기를 바라네.

아빠와 난 정말 어이가 없었다. 이런 걸 누가 안단 말야? 마지막 문까지 와서, 저 문만 열면 되는데 도대체 뭘 하는지도 모르고 돌아가야 하다니…….

난 지금까지 이름도 모르는 사람한테 놀림을 받은 것 같아 기분이 나빴다.

"문 열어주세요, 문 열어달란 말이에요."

"앗, 똥기계야. 뭐하는 거니?"

난 똑바로 서지도 못하고 엉거주춤 일어나서 문을 걸어찼다. 여기까지 와서 포기해야 하다니 너무 화가 났다. 그런데 그 순간 문이 쓱 열렸다. 다섯 번째 문이 열린 것이다.

드디어 박사님을 만나다

문 안에는 어떤 할아버지 한 분이 계셨다. 키가 아주 작고, 전체적으로 좀 지저분하고 심술궂은 인상이었지만 눈은 반짝반짝 빛이 났다.

"어서 오게, 왕호기심 군. 근데 이 분은 뉘신가?"

"우리 아빠예요."

"내가 혼자 오라고 했을 텐데?"

"그럴려고 했는데, 아빠한테 들켜버렸어요."

"아니 이런 어린애를 혼자 오라고 하다니 당신이야말로 누구요?"

"난 꼬르륵 박사라고 합니다."

꼬르륵 박사라는 말에 아빠는 얼어붙은 듯이 벌린 입을 다물지 못하고 박사님만 뚫어지게 쳐다보았다.

"아빠 왜 그래요? 꼬르륵 박사님을 아세요?"

"꼬르륵 박사님은 우리나라 최고의 과학자야. 걸어다니는 국보라고들 하지. 그러나 숨어서 연구만 하시는 분이라 박사님이 어떻게 생겼는지 아는 사람이 없대. 그런 분이 우리 눈앞에 이렇게 서 계시다니……. 박사님은 세상에 알릴 수 없는 온갖 중요한 실험을 다 한다는데……."

"우와, 정말이요?"

꼬르륵 박사님은 아빠와 내가 놀라는 데 별 관심이 없는 듯했다. 어쩌면 내가 아빠와 함께 오게 된 걸 못마땅하게 생각하시는지도 모른다. 휙 돌아서서 어디론가 가시기에 서둘러 박사님을 따라갔다.

"꼬르륵 박사님."

"뭔가? 왕호기심 군."

"다섯 번째 문의 정답이 뭐예요?"

궁금한 걸 해결하지 않으면 속이 간질간질하다 못해 뼈까지 가려워서 견딜 수가 없다.

"답을 모르는데 어떻게 다섯 번째 문을 열었나?"

"화가 나서 발길질을 하다가 뭔가를 찬 모양인데 어떻게 된 건지는 잘 모르겠어요."

"하하하-."

박사님은 갑자기 웃음을 터트리셨다. 웃음소리가 얼마나 큰지 우린 또 한 번 놀랐다. 아무래도 실험을 하려면 담력이 있어야 할 것 같다.

"자네는 정말 운이 좋군. 정답은 3번이야. 그 이유는 스스로 알아보게. 알겠나?"

"네에-."

한참이 지나서 생각한 건데 박사님이 문을 열어주신 것 같다. 이건 아빠도 같은 생각이시다.

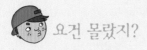

우리 몸은 세균 덩어리

— 이와 이 사이에 낀 음식물 찌꺼기 1그램에는 100억 마리의 세균이 있다.
10그램이면 천억 마리……? 잠깬! 참고로 이 사이에 낀 찌꺼기가 10그
램이나 있는 사람하고는 말도 하지 않는 게 좋다. 냄새가 엄청날 테니까!

— 입 안의 침 1그램에도 100억 마리의 세균이 있다(침 한 방울 튈 때마다 천만 마리의 세균도 함께 튄다. 끔찍하군!). 밥 먹을 때는 세균이 두 배나 많아진다.

— 꼬불꼬불 긴 소장의 안쪽 1그램에는 세균이 4조~5조 마리나 살고 있다. 이걸 전체 무게로 따지면…… 궁금한 사람은 알아서 계산할 것.

— 대장의 일부분에 해당하는 맹장 1그램에는 10조 마리나 되는 세균이 살고 있고, 곧은 창자라고 하는 직장에는 세균이 5조 마리나 있다. 대장은 그야말로 세균들의 천국이라고 할 만하다.

— 어른들이 누는 똥 1그램에는 100억~1000억 마리의 세균이 있다. 한 번에 누는 똥의 무게를 곱하면 똥 속에 얼마나 많은 세균이 들어 있는지……. 똥 누고 나서는 꼭 비누로 깨끗하게 손을 씻자.

상식 하나! 유산균 음료에는 여러 종류가 있지만 음료 1밀리리터당 유산균이 최소한 100만 마리 이상이 들어 있어야 한다(완전 세균 덩어리를 마시고 있군. 하지만 유산균은 좋은 균이라니까 먹어도 상관없겠지?).

상식 둘! 사람의 몸속에 살고 있는 세균의 수는 수천 조 마리로, 사람의 몸을 이루고 있는 세포의 수의 열 배가 넘는다.

상식 셋! 사람의 몸무게 중 1~1.5킬로그램은 우리 몸에 살고 있는 세균들의 무게이다.

꼬르륵 박사님의 조수 더부룩 아저씨

"더부룩 군, 왕호기심 군을 내 실험실로 안내하게."

연구소에는 꼬르륵 박사님뿐만 아니라 조수인 더부룩 아저씨도 있었다. 더부룩 아저씨는 내가 만난 사람 중에 가장 특이했다. 머리는 제멋대로 삐죽삐죽 길게 자라서 덥수룩하고, 계속 우물우물 뭔가를 먹는데 주로 엄마가 싫어하는 햄버거, 피자, 소시지 같은 음식이었다. 게다가 속이 좋지 않은지 연신 딸꾹질에 '쉭쉭' 바람이 새는 것 같은 방귀를 뀌는데, 가끔은 모두가 깜짝 놀랄 만큼 큰 소리의 대포방귀를 뀌기도 했다. 나는 이런 더부룩 아저씨가 아주 편하게 느껴졌다.

"더부룩 아저씨, 소화가 안되나요? 엄마가 그러는데 속이 안 좋으면 방귀를 자주 뀐대요."

"방귀는 자기가 의식하든 안 하든, 소리가 나든 안 나든 누구나 하루에 15번 정도는 뀐다. 방귀로 내뿜는 가스량은 적으면 가장 작은 우유팩으로 하나 정도, 많으면 1.5리터 음료수병으로 두 병 정도이다. 방귀는 장 속의 세균이 만들며, 건강상태와 직접적인 관련은 없고 참고만 하면 된다. 이상 끝."

더부룩 아저씨는 말을 하는 게 아니라 책을 읽는 것 같았다. 또,

말이 끝나면 항상 '이상 끝'이라는 말을 붙이는 습관이 있어서 '이상 끝'이라고 하면 알 만한 사람은 다 안다.

세상에서 가장 지저분한 실험실

더부룩 아저씨를 따라간 꼬르륵 박사님의 실험실은 내가 지금까지 본 곳 중에서 가장 지저분하고 역겨운 곳이었다. 도대체 뭘 연구하는지는 알 수 없지만, 여기저기 토해놓은 듯한 음식물 찌꺼기가 있고, 시큼한 냄새와 음식 썩는 냄새가 섞여 나까지 속이 울렁거리고 어제 먹은 음식이 금방이라도 넘어올 것만 같았다.

그런데 꼬르륵 박사님과 더부룩 아저씨는 이 실험실에서 연구도 하고 심지어 식사도 하신다고 한다. 과학자가 된다는 건 고통과 인내의 연속인가 보다.

 더부룩 아저씨와 '방귀대장 뿡뿡이'가 많이 먹는 음식은?

정답 : 콩, 빵, 보리밥, 양파, 샐러리, 당근, 바나나, 살구 등 방귀를 많이 만드는 식품

도움말 : 미국에서는 우주 비행사들이 비행을 떠나기 며칠 전부터 콩 요리를 먹지 못하게 한다. 물론 방귀 때문이다. 또, 우유를 먹으면 설사를 하는 사람은 우유를 먹으면 뱃속에 가스가 많이 차서 방귀를 자주 뀌게 된다. 하지만 요구르트는 예외.

 더부룩 아저씨와 '방귀대장 뿡뿡이' 가 적게 먹는 음식은?

정답 : 쌀, 상추, 오이, 토마토, 포도, 생선, 고기 등 방귀를 적게 만드는
식품

도움말 : 고기를 먹으면 방귀가 많이 만들어지지는 않지만 달걀 썩는 것
같은 지독한 냄새가 나는 방귀를 뀔 수 있다.

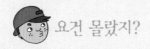 요건 몰랐지?

더부룩 아저씨가 들려 준 방귀의 모든 것

더부룩 아저씨에게는 특별한 능력이 있다. 자기가 뀌고 싶을 때 자유롭게 방귀를 뀔 수 있다는 거다. 아저씨는 나를 위해 여러 가지 방귀를 뀌어 주기도 했다. 정말 신기했다. 아무에게도 그 비법을 알려주지는 않지만, 방귀에 대한 이야기라면 침을 튀기며 쉴 새 없이 해준다. 자, 다음은 더부룩 아저씨가 알려주는 방귀의 모든 것. 쨔- 잔-.

더부룩 아저씨의 방귀분류법

미끄럼방귀 : 소리도 없이 슬그머니 빠져나가는 방귀.

콧방귀 : 콧소리를 내며 비웃듯이 빠져나가는 방귀.

드럼방귀 : 소리가 '뽕, 뽕, 뽕' 하고 짧게 여러 번 나서 드럼을 치는 것 같은 방귀.

대포방귀 : 맨 뒤에 앉은 사람도 알 수 있을 만큼 '뿡' 하고 큰 소리가 나는 방귀.

고약한 방귀 : '쉭' 하고 슬며시 빠져나오며 고약한 냄새를 풍기는 방귀.

물방귀 : 물이 보글보글 올라오는 것 같은 소리를 내면서 연신 나오는 방귀. 주의! 팬티에 흔적이 남지 않았는지 반드시 확인해야 함.

뽕방귀 : '뽕' 하고 딱 한 번만 소리가 나는 방귀.

더부룩 아저씨의 말씀! 방귀에도 개성이 있다.

더부룩 아저씨의 진지한 방귀 이야기

방귀란 장 속에 있는 가스가 항문을 통해 빠져나가는 현상이다. 가스 중 일부는 음식물을 삼킬 때 내려온 것이고, 대부분은 대장에서 만들어진 것이다.

우리가 먹은 음식은 주로 소장에서 흡수되지만 음료수에 포함된 과당이나 단맛을 내느라고 넣은 솔비톨 같은 성분들은 소장에서 잘 흡수되지 않는다. 이런 성분이 대장으로 내려오면 대장에 살고 있는 세균들에 의해 분해되면서 가스가 생긴다. 세균이 만들어낸 가스에 황화수소 같은 성분이 결합하면 지독한 냄새가 나는 방귀가 된다.

처음으로 방귀의 성분을 체계적으로 연구한 것은 미국의 항공우주국(NASA)이라고 한다. 우주비행사를 달에 착륙시켰다가 무사히 지구로 돌아오게 하는 아폴로 계획을 세울 때였다. 방귀 때문에 우주선에 불이 나거나 폭발이 일어나지나 않을지, 우주선 안에 탄 사람이 방귀에 중독되지는 않을지 걱정이 된 나머지 과학자들은 방귀 성분을 자세히 연구했다고 한다. 연구결과 방귀 때문에 우주선이 폭발할 위험은 거의 없다고 한다.

이렇게 알아 낸 방귀의 성분은 자그마치 4백여 종류나 된다. 그 중의 대부분은 냄새가 없는 질소, 수소, 탄산가스, 메탄, 산소와 같은 가스이고 일부분은 악취가 나는 암모니아, 황화수소, 인돌, 스카톨 등과 같은 성분이다. 사람

방귀의 99%는 냄새가 나지 않는 질소, 수소, 메탄으로 되어 있지만 나머지 1%는 악취가 나는 가스인데, 우리 코는 냄새입자가 공기 중에 1억분의 1정도만 섞여 있어도 냄새를 맡을 수 있다.

어떤 사람은 방귀를 뀔 때 아주 큰 소리가 나는데, 이것은 가스를 밀어내는 힘이 크거나 항문의 통로가 좁기 때문이다.

트림은 입으로 뀌는 방귀?

음식을 삼킬 때마다 공기가 조금씩 위 안으로 들어간다. 말을 하면서 밥을 급하게 먹으면 더 많이 들어간다. 위로 들어간 공기는 대부분 입으로 도로 나오는데 이게 바로 트림이다. 그래서 더부룩 아저씨는 트림을 입으로 뀌는 방귀라고 부른다. 콜라, 사이다 등과 같은 탄산음료를 마셨을 때 트림이 자주 나오는 건 이산화탄소 가스를 만들기 때문이다. 아기에게 엄마 젖이나 분유를 먹이고 나서 트림을 시키는 것도 우유를 먹을 때 삼킨 공기를 내보내기 위한 거다. 아기의 위는 아주 작고 호리병 모양으로 생겨서 공기를 마시면 배가 아프고 젖을 많이 먹지 못하는 데다 가스가 나오면서 젖을 토하기 때문이다.

더부룩 아저씨가 사람을 판단하는 방법(믿거나 말거나!)

영특한 사람 : 재채기를 하며 방귀 뀌는 사람.

소심한 사람 : 자기 방귀 소리에 놀라 펄쩍 뛰는 사람.

자만하는 사람 : 자기 방귀 소리가 제일 크다고 생각하는 사람.

불쌍한 사람 : 방귀 뀌려다가 똥 싼 사람.

멍청한 사람 : 몇 시간 동안 방귀 참는 사람.

난처한 사람 : 자신의 방귀와 남의 방귀를 구별하지 못하는 사람.

불안한 사람 : 방귀를 뀌다가 중간에 멈추는 사람.

비참한 사람 : 방귀를 못 뀌는 사람.

정직하지 않은 사람 : 자기가 뀌고 남한테 뒤집어씌우는 사람.

이상 끝.

토한 음식을 뒤적이다

꼬르륵 박사님은 정말 기가 막히는 과제를 주셨다.

"왕호기심 군, 자네에게 주는 첫 번째 과제네. 우리가 밥 먹고 오는 동안 여기에 토해놓은 음식을 분석해보게."

"네? 토해놓은 음식이라고요?"

"왕호기심 군과 아버님도 식사를 먼저 하시겠습니까?"

"아, 아니에요. 먹어봐야 이렇게 될 건데요. 뭐."

어쨌든 아빠와 난 밥을 안 먹기로 했다.

"그럼 우리만 먹고 오지. 자, 내가 돌아오면 뭘 알아냈는지 얘기해주게. 가지, 더부룩 군."

꼬르륵 박사님과 더부룩 아저씨가 연구실을 나간 후 아빠와 난 함께 쓰레기통을 찾아 마구 토해냈다. 더 토할 것이 없어서 노란 물까지 토하고 나자 속이 좀 편안해졌다.

"똥기계, 너 이런 것까지 해야겠니? 꼬르륵 박사님도 봤으니 이제 그만 집에 가자."

"안 돼요, 아빠. 난 박사님이 뭘 하는지 꼭 알아볼 거예요. 힘들게 여기까지 왔잖아요."

"하여간 난 안 할 테니 네 맘대로 해."

하지만 내가 먼저 탁자 위에 토해놓은 음식을 살펴보기 시작하자 아빠는 할 수 없이 얼굴은 딴 곳으로 돌리고서 내 옆으로 오셨다. 처음보다 역겨운 마음이 덜해진 나는 조심스럽게 음식을 뒤적이기 시작했다. 나중에는 젓가락으로 뒤적거려서 무슨 음식을 먹었는지 알아보기도 했다. 그런데 신기하게도 이런 구역질나는 일을 하는 동안 난 진짜 과학자가 된 것 같은 기분이었다. 얼마 후 박사님이 돌아오셨다.

"뭘 좀 알아냈나?"

"피자를 먹고 토한 거 같아요. 첫 번째는 먹은 지 얼마 안 된 것 같고, 두 번째는……."

"토한 걸 진짜 살펴봤단 말인가?"

"네."

꼬르륵 박사님은 내가 박사님이 시키신 일을 진짜 했다는 사실에 아주 만족스러워 하셨다.

"박사님, 한 가지 궁금한 게 있는데요."

"뭔가? 왕호기심 군."

"아빠하고 저하고 박사님의 실험에 뽑힌 건가요? 아니면 다른 지원자가 오면 어느 한쪽이 뽑히는 건가요?"

"자넨 이미 내 실험을 함께 하고 있다네."

"네?"

"다른 지원자는 없습니다. 이상 끝."

야호! 아빠와 내가 꼬르륵 박사님의 실험에 참가하게 되었다.

"그런데 왕호기심 군. 자네 코끼리를 냉장고에 넣는 방법을 알고 있나?"

박사님의 엉뚱한 질문에 아빠가 신이 나서 대답하셨다.

"코끼리에게 냉장고를 먹인 뒤 뒤집는다, 뭐 이런 거 말이지요?"

 여기서 잠깐

아빠가 말하는 '코끼리를 냉장고에 넣는 방법' 몇 가지

—코끼리에게 냉장고를 먹인 뒤 코끼리의 입을 뒤집는다.

—코끼리가 들어가는 대형 냉장고를 만들어서 넣는다.

—아이에게 강아지를 코끼리라고 가르친 뒤 냉장고에 넣게 한다.

—코끼리를 햄으로 가공하여 넣는다.

—『코끼리를 냉장고에 넣는 법』이라는 책을 읽고 그대로 실행한다.

—개를 고문하여 코끼리라는 자백을 받고 넣는다.

—유전자를 바꿔 개만한 코끼리를 만들어서 넣는다.

—코끼리를 작게 잘라서 넣는다.

꼬르륵 박사님은 다시 물었다.

"왕호기심 군, 첫 번째 문을 여는 문제가 뭐였는지 기억나나?"

"그럼요."

우리는 소화관과 속이 뻥 뚫린 오뎅의 관계에 대해서 박사님께 자세히 설명했다.

"아주 상상력이 뛰어나군. 과학적이기도 하고 말이야. 그러면 우리가 밥을 먹는 이유는 뭐라고 생각하나?"

"살려고요."

"그렇지, 보다 정확한 대답은 더부룩 군이 해주게."

"살아가는 데 필요한 에너지와 물질을 얻기 위한 것입니다. 이상 끝."

"좋아, 그럼 몸 밖에 있는 터널인 소화관을 통과하고 있는 음식물을 몸 안으로 끌어들여야 한다는 건데, 여기에는 간단한 문제와 간단하지 않은 문제가 있지."

"간단한 문제는 뭔가요?"

"밥이 소화관 벽을 통과해서 들어가면 되는 거지."

"그럼, 간단하지 않은 문제는요?"

"밥이 소화관 벽을 통과하는 것은 코끼리보고 개구멍으로 들어가라는 것과 같다는 거지. 너무 커서 못 들어간다는 얘기일세."

"그럼 어떻게 해야 하는데요?"

"어떻게 하면 좋겠나? 코끼리를 냉장고에 넣는 방법을 잘 생각해 보게. 그 속에 답이 있으니까."

"작게 자르면 되잖아요."

"그렇다네. 영양소를 작게 자르는 것, 우리는 그걸 소화라고 하지."

"아, 그래서 밥을 꼭꼭 많이 씹어 먹으라고 하는군요."

"밥을 씹어 먹는 것도 소화라고 할 수 있지만, 그 정도로는 부족하다네. 눈에 보이지 않을 만큼 작게 쪼개야 한다네."

아빠와 난 혼란스러웠다. 뭐가 이렇게 복잡하담. 그냥 싹둑 잘라 버리면 되는 걸.

"혹시 효소라고 들어 본 적이 있나? 음…… 더부룩 군, 설명해 주게."

효소가 없으면 생명도 없다

더부룩 아저씨는 연구실 한쪽 벽에 있는 칠판에 다음과 같이 썼다.

 쇠고기 한 근을 소화관 벽을 통과할 수 있는 크기로 쪼갤 수 있는 방법은?

① 쇠고기를 냄비에 담고 110℃에서 1시간 동안 끓인다.
② 쇠고기를 냄비에 담고 110℃에서 24시간 이상 끓인다.
③ 쇠고기를 냄비에 담고 진한 염산을 붓고 기다린다.
④ 쇠고기를 냄비에 담고 진한 염산을 부은 다음 110℃에서 24시간 이상 끓인다.

이상 끝.

내가 고른 답은 2번, 더부룩 아저씨가 알려준 정답은 4번.

계속 이어지는 더부룩 아저씨의 질문.

보다 간단한 방법은?

① 파파야 열매를 갈아서 염산과 함께 넣고 2시간만 기다린다.
② 물을 붓고 침을 뱉어 두고서 2시간만 기다린다.
③ 믹서에 넣고 10번 반복해서 갈고 2시간만 기다린다.

이상 끝.

내가 고른 답은 3번, 더부룩 아저씨가 알려준 정답은 1번.

"아하, 그냥 쇠고기를 소화시키려면 염산을 붓고도 모자라 하루 종일 끓여야 되지만, 파파야 열매를 갈아 넣으면 쉽게 소화된다는 얘기죠?"

"그렇다네. 파파야에는 단백질을 분해하는 효소가 들어 있어서 쇠고기를 분해할 수 있다네."

"그럼 효소는 단백질 같은 영양소를 잘게 쪼개는 가위 같은 거네요?"

"가위? 그런 얘기가 되나? 꼭 그렇다고 할 순 없지만 비슷하군. 이렇게 생각해보게. '변비동'이라는 곳에서 '소화동'으로 가려면 높은 산을 넘어야 하는 상황이라네. 자동차를 타고서 오르막길을 따라 한참을 달려 높은 산 정상에 다다른 다음 이번에는 소화동으로 이어지는 내리막길을 또 한참을 달려가야 하는 거지.

그런데 변비동과 소화동 사이에 터널이 생긴다면 어떨까? 뻥 뚫린 터널을 통해 높은 산 정상까지 가지 않고도 금세 소화동까지 갈 수 있게 된다네. 효소란 화학 반응이 빠르게 일어나도록 해주는 역할을 하는 거지. 효소는 이런 방법으로 그냥은 몸 안에서는 일어날 수 없는 화학 반응이 일어나도록 해서 에너지도 얻을 수 있도록 하고 몸에 필요한 단백질 같은 물질도 만들 수 있도록 한다네."

"결국 효소가 없으면 몸속에서 아무 일도 할 수 없다…… 이 말

쓸이시지요?"

"그렇지. 효소가 없으면 생명도 없다! 그 말이라네."

에너지를 얻는 방법

효소가 있다면?

그냥 가만히 있으면 된다.
에너지가 조금씩 나와서 몸에 아무 영향도 주지 않고, 일부는 나중을 위해 저장된다.

 효소가 없다면?

우선 몸의 온도를 400℃로 올려야 한다(그때까지 살아있다면).
빛과 함께 몸이 익을 정도의 엄청난 열이 한꺼번에 나온다.
이것도 저것도 안되면 50년쯤 기다리면 포도당이 분해될지도 모르지.

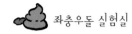 좌충우돌 실험실

질긴 쇠고기를 부드럽게

① 쇠고기를 두 개의 그릇에 나눠 담는다.

② 키위를 두 개 갈아서 한쪽에만 넣는다.

③ 그릇 두 개를 뚜껑을 덮어서 한쪽 구석에 잘 둔다.

④ 3시간 후에 고기가 어떻게 되었는지 관찰하고 구워서 먹어 본다.

나만의 실험 포인트

좀더 빠르고 확실한 결과를 보고 싶으면 쇠고기는 조금, 키위는 많이 넣는다.

키위를 갈아 넣은 후 쇠고기와 잘 섞어 주는 게 좋다(엄마는 이것을 '버무린다' 고 한다).

키위 대신 파인애플로 실험해도 된다.

그릇을 보관할 때 적당히 따뜻한 곳에 두는 것도 요령!

소화제 속에 들어 있는 효소

① 달걀을 깨트려 흰자만 그릇에 모은다(노른자는 알아서 해결한다).

② 알약으로 된 소화제를 부숴 가루로 만든다.

③ 가루로 만든 소화제를 달걀 흰자에 넣는다.

④ 시간이 지나면서 달걀 흰자가 어떻게 되는지 관찰한다.

나만의 실험 포인트
달걀 흰자를 투명한 유리컵에 담으면 관찰하기 좋다.
달걀 흰자에 물을 약간 넣어서 묽게 하면 더 빨리 결과를 확인할 수 있다.
소화제 가루를 넣고 잘 저어주는 건 기본!
고기 먹고 체한 데 먹는 소화제하고 보통 소화제하고 어느 것이 더 효과가
빠른지 알아보는 것도 실험을 재미있게 하는 요령!

엄마 도와 식혜 만들기

① 우선 엄마에게 식혜를 만들자고 말씀드린다.
② 엿기름을 이용해서 엿기름물을 만든다.
③ 밥을 지어 엿기름물을 붓고 따뜻하게 둔다.
④ 밥알이 삭으면서 떠오르면 밥알과 함께 끓인다.
⑤ 식혜를 식혀서 잣을 띄워 맛있게 먹는다.

거꾸로 해보는 실험

엿기름물을 만든 다음 먼저 끓여서 밥에 붓고 어떻게 되는지 실험해본다.
주의 : 양을 조금만 하는 게 좋다. 안 그랬다간 엄마한테 무진장 혼날 수도
있다.

나만의 실험 포인트

엿기름물을 만들 때는 물과 엿기름의 비율을 잘 맞추는 게 중요하다.

밥에다 엿기름물을 부어서 따뜻하게 할 때는 보온밥통에 넣어 두면 된다.

엿기름물을 먼저 끓이면 효소가 변해서 식혜를 만들 수 없다.

밥알은 건져내고 맑은 식혜물만 보관하는 것도 생활의 지혜!

* 이런 실험은 엄마의 절대적인 지원이 필요하다.

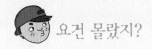 요건 몰랐지?

효소에 관한 공개 보고서

보고자 : 왕호기심
도와 준 사람 : 더부룩 아저씨

효소의 정체

주성분은 단백질 : 어떤 효소는 비타민과 같은 다른 성분이 필요하기도 하다.

화학 반응이 빨리 일어나도록 돕는 중매쟁이 : 효소는 자기 자신은 변하지 않으면서 반응속도를 변화시키는 촉매이다. 카탈라아제라는 효소 한 개가 1분 동안 분해하는 과산화수소는 무려 500만 개나 된다.

쓰고 또 재활용 : 효소는 없어지거나 변하지 않으니까 계속 재활용될 수 있다.

정해진 물질만 골라서 작용 : 장난감 블록의 올록볼록한 부분이 서로 꼭 맞아야 끼울 수 있는 것처럼 효소는 각자 다른 입체구조를 가지고 있어서 자기한테 꼭 맞는 물질에만 작용한다. 효소의 이런 특성을 '기질 특이성'이라고 한다.

뜨거운 건 싫어 : 왜? 단백질이니까. 구운 고기가 식었다고 다시 핏물이 떨어지는 날고기가 되지 않는 것처럼 효소도 익어서 입체구조가 변해버린다.

좋아하는 산성도는 제각각 : 펩신 같은 효소는 철도 녹일 만큼 강한 산성에서 작용하지만, 리파아제 같은 효소는 반대로 염기성일 때 잘 작용한다.

종류는 3천 가지 이상 : 앞으로 더 많은 효소가 발견될 것이고, 사람들이 새로 만드는 인공 효소도 생길 것이다.

생활에서 발견하는 효소

야들야들한 고기 : 배, 키위, 파인애플 같은 과일에는 단백질을 분해하는 효소가 많이 들어 있다. 그래서 불고기 양념에 이런 과일을 갈아서 즙을 넣으면 고기의 단단한 근육이 분해되어 질긴 쇠고기가 부드럽게 된다. 하지만 너무 많이 넣고 오랫동안 둔다면? 물컹물컹한 맛없는 고기를 먹게 된다.

달콤한 식혜 : 엿기름에는 밥 속의 녹말을 분해하는 아밀라제라는 효소가 많다. 녹말이 분해된 것을 어떻게 아냐고? 녹말은 단맛이 없지만 엿당으로 분해되면 단맛이 난다. 식혜가 어떤 맛인지는 설명할 필요가 없겠지.

속이 시원 소화제 : 흔히 '소화가 안된다'라고 할 때는 먹은 음식물의 단백질이나 지방이 잘 분해되지 않는 것. 그래서 소화제에는 단백질과 지방을 분해하는 효소가 가득 들어 있다.

때가 쏙– 효소세제 : 세제 속에도 효소가 들어 있다. 집에서 사용하고 있는 세제의 포장지를 살펴보면 '2중 센서 효소' '효소세제' 등의 표현이 있다. 옷에 묻은 때의 대부분은 지방 성분이고, 단백질이 조금 포함되어 있는데, 지방 분해 효소인 리파아제와 단백질 분해 효소인 프로테아제 같은 효소를 첨가하여 때가 쉽게 떨어지게 하는 효과가 있다.

부들부들한 청바지 : 청바지를 부드럽게 하는 데도 효소가 쓰인다. 뻣뻣한 청바지 원단의 주성분인 셀룰로오스를 분해하는 효소를 첨가하여 빨면 촉감이 부드러워진다.

효소로 병을 안다? : 당뇨병을 검사할 때도 효소가 쓰인다. 소변 검사를 하는 요검사지에는 포도당에 반응하여 색을 변화시키는 효소가 묻어 있다. 정상인 사람은 오줌 속에 포도당이 없어서 색이 안 변하지만, 당뇨병을 앓고 있는 사람은 오줌 속의 포도당 때문에 색이 변한다.

충치예방 효소치약 : 충치와 잇몸의 병을 일으키는 플라크를 분해하는 효소가 들어 있는 치약도 있다. 입에서 냄새가 나는 사람들이 사용하면 효과가 있다. 꼭 효소치약을 쓰지 않더라도 양치질을 잘 하면 입 냄새 걱정 끝.

죽음을 부르는 효소 : 살무사는 무시무시한 독이 있는 뱀이다. 살무사에게 물려 독이 온몸에 퍼지면 목숨을 잃을 수도 있다. 이 살무사의 독도 효소와 관계가 있다고 한다. 살무사의 독에는 세포막의 성분을 분해하는 효소가 많이 포함되어 있어서 피 속의 적혈구와 혈관 벽을 부수고 피가 굳지 않게 만든다. 그래서 목숨까지 위험해지는 거다.

고양이 털 색도 효소 때문? : 고양이를 좋아하는 친구들은 '샴고양이'라고 들어봤을 거다. 몸통 부분의 털은 하얗고, 얼굴, 귀, 발, 꼬리의 털은 새까매서 특이하고 멋있게 생긴 고양이 말이다. 이 샴고양이의 털 색도 효소 때문이라고 한다. 머리, 귀, 발, 꼬리와 같은 몸의 끝부분은 체온이 몸통보다 낮은데, 이 때문에 검은 색소인 멜라닌을 만드는 효소의 작용이 활발하다.

꼬르륵 박사님, 축소기계를 보여주다

"자, 이제 어느 정도 준비가 된 것 같군. 더부룩 군 출발준비를 해주게."

"무슨 준비 말이에요, 박사님?"

"자네가 뱃속탐험에 함께 할 수 있는 준비 말일세."

"뱃속탐험이요?"

"그렇다네. 이제 우리가 어떤 실험을 할지 알려줘야 할 때가 된 것 같군. 이쪽으로 오게."

꼬르륵 박사님이 어떻게 했는지 실험실의 한쪽 벽이 움직이기 시작했다. 놀랍게도 그 안에는 넓고 깨끗한 실험실이 있었다. 실험실의 한 가운데는 안락의자가 놓여 있고, 바로 옆에는 이상하게 생긴 기계와 약을 포장하는 캡슐을 크게 확대해놓은 것 같은 모습의 물체가 있었다.

"이것은 최근에 발명한 기계라네. '축소광선'을 쏘아 물체를 작게 만들 수 있지."

아빠와 난 너무 놀라서 아무 말도 못 하고, 기계만 뚫어져라 쳐다보았다.

"사람도 작게 만들 수 있나요?"

"물론, 바로 그 때문에 만들었다네. 나는 이 기계를 이용해서 직접 몸 안에 들어가서 소화과정을 지켜보려고 한다네."

"우와, 우리도 함께 가는 거예요?"

나는 흥분해서 소리쳤다.

"흥분하지 말게. 더부룩 군이 알려줄 것이 있을 거네."

기계를 만지고 있던 더부룩 아저씨가 우리 쪽으로 다가왔다.

"이 기계를 사람한테 직접 실험해본 적은 아직 없습니다. 그래서 100퍼센트 안전하다고 장담할 수는 없습니다. 위험할 수도 있다는 말입니다. 그러니 이 실험에 참가하고 말고는 여러분의 선택에 따를 것이며, 빠지실 분은 지금 말씀해주십시오. 이상 끝."

"아빠, 우리 가요. 어? 아빠, 아빠!"

아빠는 어느 새 문 앞에 가 계셨다.

"아빠 거기서 뭐하세요? 안 가실 거예요?"

"아, 아니…… 뭐, 안 가겠다는 건 아니고……. 네가 뱃속탐험을 갔다 오는 동안 나는 엄마한테 연락도 해야 하고……."

"엄마한테는 제가 쪽지를 남겨뒀어요. 아빠, 설마 무서워서 그러시는 거 아니죠?"

"무섭긴 뭐가 무서워, 이 녀석이 아빠한테 못하는 소리가 없어. 난 네 엄마가 걱정이 돼서 하는 얘기지."

말씀과는 달리 다시 돌아오는 아빠는 힘이 하나도 없으셨다.

"박사님, 이제 출발할 준비가 다 되었습니다. 이상 끝."

"박사님, 더부룩 아저씨는 함께 안 가요?"

"그건 곤란하다네. 우리가 탐험할 곳이 바로 더부룩 군의 뱃속이거든."

캡슐은 우리 세 명이 타기에 넉넉했으며 단단하고 투명했다. 재료가 뭔지는 몰라도 철이 아니라는 건 확실했다.

"난, 철로 만든 잠수함 같은 거라고 생각했는데……."

"철로는 만들 수가 없다네."

"왜요?"

"자네 스스로 생각해보게. 정답은 위에 도착하면 알려주도록 하지."

왜 그럴까? 철이 제일 튼튼한 거 아닌가?

"박사님, 모든 준비가 끝났습니다. 탑승하십시오. 이상 끝."

우리가 탄 후 캡슐의 덮개 문이 내려오는 동안 꼬르륵 박사님의 눈은 반짝반짝, 아빠는 침이 꼴깍꼴깍, 나는 심장이 쿵쿵쿵 뛰었다.

빛이 번쩍 비쳤다고 느끼는 순간 잠시 정신을 잃었다.

혀가 날름거리는 입속으로

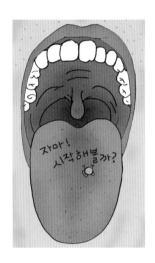

자아!
시작해볼까?

정신을 차려 보니 온 천지가 붉은 노을로 물든 것 같았다. 저 멀리 깊숙한 안쪽은 끝이 없는 벼랑이 있는지 검게 보였다. 내가 어디에 있는지 몰라 잠시 어리둥절해하다가 정신을 차리고 잘 살펴보니 바로 더부룩 아저씨의 입 안이었다. 정말로 작아지다니! 정말로 사람 몸속으로 들어오다니! 우리가 도착한 땅(정확히 말하면 더부룩 아저씨의 혀)은 분홍빛 융단에 흰 눈이 내린 것 같았다.

"느낌이 어떤지 직접 밟아볼까?"

우리는 캡슐에서 잠시 내렸다.

혀 위에 서자 분홍색 풀밭에 온 것 같았다. 바닥은 부드럽고 폭신 폭신했지만 끈적거리는 침에 발이 푹푹 빠졌다.

"꼬르륵 박사님, 혀에 뭔가 잔뜩 돋아나 있어요."

"그건 '유두' 라고 하는 거라네. 젖꼭지 모양이어서 그런 이름이 붙었다네."

"그런데요, 저쪽에 있는 건 실처럼 생겼는데 이쪽에 있는 건 버섯

처럼 생겼어요."

"눈썰미가 좋군. 그것 말고도 잎사귀처럼 넓적한 것도 있고 뭉툭한 것도 있다네. 유두의 옆구리에는 맛을 감각하는 미세포가 모여 있는 '미뢰'라는 것이 있지. 여기서 느낀 맛을 신경을 통해 뇌로 전달해주기 때문에 우리가 음식의 맛을 느낄 수 있는 거라네."

"박사님, 맛 이야기를 하시니까 생각나는데요. 맛은 입에서 느끼는 건데 감기에 걸려 코가 막히면 왜 음식 맛을 못 느끼는 거지요?"

그건 내가 물어보려고 했던 건데 아빠가 먼저 물어보시다니……

꼬르륵 박사님의 입맛 당기는 O, × 퀴즈

1. 미뢰는 혀의 유두에만 있다?
2. 아기는 어른보다 미뢰의 수가 적다.
3. 혀에서 느끼는 맛은 네 가지다.
4. 매운맛, 떫은맛은 맛이 아니다.
5. 여자가 남자보다 맛에 민감하다.
6. 여자는 단맛에 민감하고, 남자는 쓴맛에 민감하다.
7. 온도에 따라 맛이 다르게 느껴진다.
8. 아이스크림을 가장 맛있게 먹는 방법은 혀끝으로 핥아먹는 거다.
9. 서양인이 동양인보다 맛을 예민하게 느낀다.
10. 코가 막히면 맛을 못 느낀다.

정답

1. ×, 미뢰는 혀의 유두에 가장 많이 있기는 하지만 입 안의 천장이나 볼 안쪽 같은 곳에도 약간 있다.

2. O, 갓난아기가 태어날 때 미뢰의 수는 수백 개 정도지만, 자라면서 점차 그 수가 늘어나 어른이 되면 2천 개에서 5천 개를 가진다. 그러고 보면 우리한테 맛없는 음식을 아기들이 잘 먹는 이유가 다 있었군. 그럼 미식가들은 미뢰의 수가 많은 사람들인가?

3. 맞을 수도 있고, 틀릴 수도 있다. 무슨 이런 애매한 답이 있느냐고? 과학자들은 기본 맛을 단맛, 쓴맛, 짠맛, 신맛 네 가지로 구분한다. 하지만 사람들은 시금털털한 맛, 달콤 쌉싸름한 맛 등 여러 가지가 섞인 맛을 2백 가지 정도 구분한다. 그러니까 맞을 수도, 틀릴 수도 있는 거지.

4. ○, 매운맛은 피부가 아픈 감각(통각)이고, 떫은맛은 혀에 이물질이
끼어서 누르는 감각(압각)이다. 믿기지 않는다면 손을 고춧가루 속에다
넣어 본다. 손이 매워서 화끈화끈할 걸.

5. ○, 사람마다 차이가 있기는 하지만 여자가 남자보다 맛에 민감하도
록 태어난다고 한다. 유전적으로 미뢰가 더 많기 때문이라는데……

6. ×, 보통 여자는 단맛보다 쓴맛에 민감하고, 남자는 단맛에 민감하
다. 그럼 남자들이 쓴 약을 더 잘 먹겠네?

7. ○, 달콤한 아이스크림을 아주 차게 해서 먹으면 신맛이나 짠맛이 느
껴질 수 있다. 직접 실험해보겠다고? 좋을 대로. 하지만 이것만은 꼭 명
심해야 한다. 혀의 온도를 낮추겠다고 꽁꽁 언 얼음을 바로 혀에 올려놓
았다가는 쫙 달라붙어서 억지로 떼려고 하면 무지하게 아프다.

8. ○, 혀끝에서 단맛을 가장 잘 느끼니까.

9. ×, 보통 동양인이 서양인보다 맛을 예민하게 느끼기 때문에 채소에서 쓴맛을 잘 느낀다고 한다. 친구들이 달다고 먹는 자몽이 나한테는 쓰게 느껴지는 건 그만큼 쓴맛에 예민하기 때문.

10. ○, 실험으로 확인하면 더 실감난다. 단, 눈을 가리고 코를 막은 후 실험해야 한다. 어떤 음식을 먹는지 알게 되면 어떤 맛일 거라고 짐작을 하기 때문이다. 친구의 눈을 가리고 코를 빨래집게로 집어 냄새를 못 맡게 한 후 양파를 먹게 하면 냠냠 맛있게 잘 먹는다. 물론 실험이 끝난 후에 맞을 각오를 해야겠지.

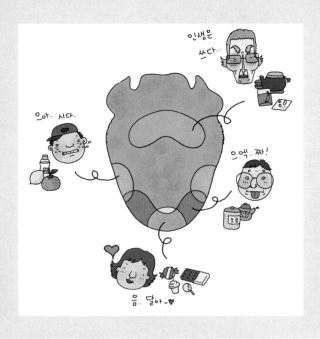

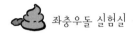
좌충우돌 실험실

코를 막으면 음식 맛을 제대로 느끼지 못할까?
(이 실험을 하려면 짝이 필요하다)

① 감자, 고구마, 무, 사과, 배, 파인애플 같은 걸 준비해서 깍두기만한 크기
　로 자른다.
② 나는 눈을 가리고 코를 막은 다음 실험 짝에게 음식을 달라고 말한다.
③ 실험 짝은 이쑤시개로 아무거나 하나 집어 혀에 대 준다.
④ 나는 그 음식이 무엇인지 맞춘다.
⑤ 입을 물로 헹군다.
⑥ 실험 짝은 또 이쑤시개로 아무거나 하나 집어 혀에 대 준다(같은 걸 줄 수
도 있다).
⑦ 나는 그 음식이 무엇인지 맞추고 입을 물로 헹군다.
⑧ 이번에는 눈만 가리고 같은 실험을 한다.

약간 짓궂은 실험

① 친구에게 맛있는 걸 준다고 하고, 눈을 가리고 코를 막게 한다.
② 작게 썬 양파를 입 안에 넣어준다.
③ 양파를 싫어하는 친구도 아삭아삭 잘 먹을 수 있다.
※친구가 양파라는 것을 몰라야 실험에 성공한다.

뇌에서는 냄새와 맛을 종합해서 음식 맛을 느낀다고 한다. 그래서 감기에 걸려 콧물이 코를 꽉 막고 있으면 맛을 못 느끼는 거다.
이상 끝(아무래도 더부룩 아저씨한테서 옮았나봐).

"앗! 왕호기심 군, 뭐 하는 건가?"

"기념으로 유두를 한 개 가져가려고요."

갑자기 더부룩 아저씨가 비명을 지르며 혀를 움직이는 바람에 우리는 데굴데굴 구르다 어딘가에 부딪치면서 간신히 멈출 수 있었다.

"왕호기심 군, 정신차리고 여기를 꼭 잡고 있게."

박사님이 가리키신 곳을 꽉 잡고 보니 더부룩 아저씨의 잇몸이었다. 나중에 보니 더부룩 아저씨의 혀와 잇몸이 붓고 염증까지 생겼다. 정말 미안했다.

잇몸을 꽉 잡은 채로 주변을 둘러보았지만 아빠가 보이지 않았다. 문득 겁이 났다. 나 때문에…….

"아빠! 아빠, 어디 계세요?"

"왕호기심 군, 아버님은 괜찮으실 걸세. 잠시 기다리게."

거대한 혀가 우리를 덮칠 듯이 다가오고 있었다. 어떻게든 피해야 했다. 내가 원래 크기라면 혀는 그저 유연하고 부드러운 근육에 불과했겠지만 지금은 사정이 다르다. 혀가 집채만하게 보였다. 그때 박사님이 주머니에서 마취총을 꺼내서 혀에다 쏘았다. 울트라 캡숑 초강력 마취제 덕분에 '아-' 하고 입을 벌린 채 혀가 그대로 멈춰버렸다. 이 틈을 이용해서 얼른 붙잡고 있던 잇몸에서 미끄러져 내려왔다. 더부룩 아저씨의 혀 아래부분으로 내려온 우리는 질퍽거리는 침을 튀기면서 아빠를 찾았다.

"똥기계, 박사님, 여기예요."

아빠가 캡슐 옆에서 큰 소리로 우리를 부르고 있었다.

"어서 캡슐로 들어가게. 마취총의 효력이 금방 없어질 테니까."

우리가 캡슐에 타자마자 혀는 다시 움직이기 시작했고 캡슐은 다시 혀 위로 올라왔다.

"정말 큰일 날 뻔했네, 혀가 이렇게 무서울 줄이야."

"아빠, 아빠를 잃어버리는 줄 알았어요."

"녀석, 난 네가 혼자 목구멍 너머로 가 버린 줄 알고 깜짝 놀랐잖아."

"애들한테 유두를 보여주고 자랑하려고 했는데……."

나는 혀 위에 폼 잡고 서서 '야호' 하고 외쳐보지 못한 것이 아쉬웠다.

박사님은 캡슐을 조종해서 커다란 흰 벽처럼 막아선 이로 다가갔다. 멀리서 볼 때는 하얗고 매끄러운 이가 가까이서 보니 누르스름하고 거칠거칠해보였다. 게다가 이 사이에 거무튀튀하게 붙어 있는 찌꺼기까지, 에-그.

"더부룩 아저씨는 참. 이 좀 잘 닦으시지."

"플라크는 누구나 있다네."

"플라크요?"

여기서 잠깐 돌발퀴즈

다음 네 명 중에서 플라크에 대해서 바르게 말한 사람은 누구일까?

① 유식이 : 이에 이끼가 끼었다는 의미로 치태라고도 하지.
② 달쏭이 : 이나 입 안에 있는 눈에 보이지 않는 얇고 끈적끈적한 세균
　　막을 말해.
③ 곰곰이 : 음식을 먹고 제때 양치질을 하지 않으면 잘 생겨. 엄마가
　　그러시는데 밥 먹고 3분 안에 양치질을 하는 게 좋대.
④ 알쏭이 : 플라크가 생기면 충치가 되기 쉽다고.

정답 : 네 명 모두 맞다.

박사님의 이야기를 들으면서 조금 더 가니 커다란 어금니가 보였다. 안쪽은 깊은 계곡처럼 여러 개의 골이 파여 있고, 그 틈은 다른 부분보다 훨씬 누렇고 한 가운데 가장 깊숙한 부분은 검게 보였다.

"이런, 더부룩 군에게 충치가 있군."

"저 까만 부분 말이에요? 그런데 충치에는 정말 벌레가 사나요?"

"말 그대로 해석하면 벌레 먹은 이가 되겠지만, 사실은 세균이 먹은 이인 셈이지."

"네? 세균이요?"

"그렇다네. 뮤탄스라는 세균 때문에 이에 구멍이 나서 충치가 되는 거라네."

꼬르륵 박사님은 충치에 대해 이것저것 이야기해 주셨다.

 여기서 잠깐

세균 먹은(?) 이 - 충치 이야기

충치를 만드는 세균

이미 살펴본 것처럼 이는 겉부분이 우리 몸에서 가장 단단한 법랑질로 덮여 있다. 하지만 법랑질은 치명적인 약점이 있다. 산(염산, 황산 그리고 탄산음료의 산 말이다)에서는 녹아버린다는 것.

우리 입 안에는 수많은 세균들이 득실득실한데, 밥이나 간식을 먹고 나서 양 치질을 하지 않으면 그야말로 세균들의 천국이 된다. 그 중에서 뮤탄스라는 세균은 이 사이에 낀 밥알이나 설탕 같은 탄수화물을 먹고는 산성물질을 내 보낸다. 뮤탄스의 수가 많아지면 내보내는 산성물질도 많아지고, 산성이 강해 지면 법랑질이 녹아서 충치가 된다. 그래서 뮤탄스균을 충치균이라고 부르기 도 한다.

법랑질이 녹으면 이를 보호해주던 단단한 성벽이 무너진 셈이니 이 틈을 통 해 세균이 들어와서 상아질이 상하게 된다. 이때쯤이면 뜨겁거나 찬 것, 달거 나 신 것에 민감해져서 이가 시리다. 점점 더 진행되어 치수까지 이르면 신경과 혈관에 염증을 일으켜 몹시 아파서 치과에 가지 않고는 못 견디게 된다. 빨리 치료하지 않고 두었다가 치수가 죽게 되면 이의 생명은 끝이 난다.

충치도 전염될까?

우리 몸에 들어온 콜레라균이나 장티푸스균이 다른 사람에게 전염되듯이, 드물긴 하지만 충치균도 사람의 침을 통해서 전염될 수 있다. 특히 문제가 되는 것은 면역능력이 약한 어린 아기에게 엄마가 음식의 맛을 보거나 뜨겁지 않은지 확인하기 위해 음식을 엄마의 입에 넣었다가 주는 것과 밥이나 고기를 씹어서 아기에게 먹이는 것이다. 엄마 입에 들어갔다 나오면서 충치균도 함께 주게 된다는 사실. 엄마, 침은 주지 마세요!

'튼튼이 마크'에 대한 궁금증

껌이나 사탕에 붙어 있는 우산 쓴 이를 본 적이 있다. 이것을 '튼튼이 마크'라고 한다. 박사님은 '튼튼이 마크'가 충치와 관련이 있다고 하셨다. 다음은 나와 박사님의 질문과 대답.

누가 '튼튼이 마크'를 주나요?

 '국제치아건강식품협회'라는 곳에서 준다네. 본부는 스위스에 있지.

 왜 '튼튼이 마크'를 쓰나요?

 설탕이 들어간 것과 안 들어간 걸 구분해서 어린이들에게 충치가 생기지 않도록 예방하기 위해서라네.

 아무 제품에나 사용할 수 있나요?

 스위스에 있는 취리히 치과대학에서 실시하는 실험을 통과한 제품에만 사용할 수 있다네.

 '튼튼이 마크'가 있는 간식을 먹고 나서는 양치질을 안 해도 되나요?

 음식을 먹고 난 후 양치질은 기본 아닌가? '튼튼이 마크'는 설탕이 덜 들어 있다는 뜻이지 충치가 안 생긴다는 표시가 아닐세.

 설탕을 넣은 제품하고 맛이 같나요? 맛이 없는 건 아닌가요?

 그건 아닐세. 설탕 대신 솔비톨이나 자일리톨 같은 인공감미료를 쓰기 때문에 맛과 모양은 설탕을 사용한 제품과 거의 비슷하다네. 자일리톨 껌을 아이들이 좋아하는 것만 봐도 알 수 있잖나.

자일리톨이 충치를 예방하는 원리는?

① 충치균을 굶겨 죽인다.
② 충치균을 말려 죽인다.
③ 충치균을 태워 죽인다.
④ 충치균을 터트려 죽인다.

정답

①, 자일리톨은 설탕과 비슷한 단맛을 내는 물질이다. 충치균은 자일리톨이 자기가 좋아하는 설탕인 줄 착각하고 먹는다. 하지만 충치균은 자일리톨을 소화시키지 못하기 때문에 도로 뱉는다. 충치균은 우리만큼 기억력이 좋지 않다. 그래서 자일리톨을 다시 삼킨다. 하지만 소화를 못 시키기는 마찬가지. 그래서 또 뱉는다. 삼키고 뱉고, 삼키고 뱉고……. 수없이 반복하다보면 충치균은 허기지고 힘이 약해져서 더 이상 산을 만들지 못하고 죽는다. 자일리톨은 정말 희한한 방법으로 충치균이 맥을 못 추게 만드는 특이한 물질이다.

충치균이 자일리톨을 설탕으로 착각하고 먹는다.

충치균이 자일리톨을 소화시키지 못해 그냥 뱉는다.

충치균이 계속해서 자일리톨을 먹고 뱉느라 에너지를 다 써버려 활동이 약해진다.

결국엔 설탕과 같은 당분이 있어도 산을 만들지 못하고 허기져 죽는다.

(그림 : 충치예방연구회 제공)

어금니로 으깨고 침으로 반죽하고

꼬르륵 박사님이 충치 이야기를 막 마쳤을 때 갑자기 온 세상이 캄캄해졌다. 더부룩 아저씨가 입을 다물었기 때문이다. 침이 질질 흘러서 더 이상 참을 수 없었다고 한다. 꼬르륵 박사님은 캡슐의 불을 환하게 밝혔다.

"이제 슬슬 밥을 먹으라는 신호를 해볼까?"

박사님은 캡슐의 단추를 눌렀다.

다시 입 안이 밝아지는가 싶더니 이번에는 우리가 탄 캡슐보다도 큰 밥알이 꾸역꾸역 밀려들었다. 더부룩 아저씨가 밥을 먹기 시작한 것이다.

밥이 들어오자 혀는 쉴 새 없이 부지런히 움직이면서 밥알을 어금니로 보내고, 어마어마하게 큰 어금니가 밥을 씹기 시작했다. 가까이 다가가서 바라보니 어금니는 음식물을 부수고 으깨고 가는 거대한 절구처럼 보였다. 그 거대한 절구 사이에 끼었다가는 으깨져서 뼈도 안 남을 것 같았다.

하지만 더욱 놀라운 것은 날렵한 혀의 움직임이었다. 위아래 어금니를 벌리는 사이에 혀가 끊임없이 들락날락하면서 밥을 밀어 넣는 모습은 재빠르고 정확했다. 실수로 혀를 깨무는 것은 아닌지 보는 내가 더 아슬아슬할 지경이었다. 휴, 다행히 혀는 단 한번도 물리지 않고 요리조리 잘도 움직였다. 박사님 말씀으로는 정말 둔한 사람이 아니라면 혀를 깨물지 않는다고 한다.

"아빠, 어제 저녁에 물린 혀는 괜찮아요?"

아빠는 나를 무섭게 노려보셨다. 아차, 지금은 그런 말 하면 안 되는 거구나.

더부룩 아저씨가 밥을 씹기 시작하면서 침이 점점 많아져서 우리가 탄 캡슐 윗부분까지 서서히 차올랐다. 으깨진 음식과 침이 섞여 죽처럼 되었다.

"박사님, 침이 점점 더 많아지는데요."

"그렇군. 자네 혹시 사람이 하루에 흘리는 침의 양이 얼마나 되는지 아는가?"

"물 한 컵 정도?"

"그렇다면 큰 병이지. 무엇보다 입 냄새가 대단할 걸세."

"네? 그럼 훨씬 많아요?"

"그렇다네. 1.5리터 음료수 병을 하나 가득 채울 정도는 될 걸세."

꼬르륵 박사님은 입에 침이 마르도록 침 이야기를 하셨다.

침에 관한 상식 O, × 퀴즈

1. 돌이 되기 전의 아기들이 침을 많이 흘리는 것은 어른보다 더 많은 침을 분비하기 때문이다.
2. 사람이 하루에 분비하는 침의 양은 1.5리터 페트병 한 개를 채울 정도로 많다.

3. 입 안에 침을 분비하는 침샘은 3개 있다.
4. 볼거리와 유행성 이하선염은 같은 병이다.
5. 볼거리는 침샘과는 관련이 없고 얼굴의 근육이 붓는 끔찍한 병이다.
6. 침을 조사하면 혈액형을 알 수 있다.
7. 밥을 먹었을 때 분비되는 침은 보통 때 분비되는 침과 다르다.
8. 침에는 세균이 몸속으로 침입하는 것을 막는 성분이 있다.
9. 밥을 침에 담궈 두면 단맛이 생긴다(내가 생각해도 좀 지저분한 질문이군!).
10. 침을 적게 흘리는 것은 병이지만 많이 흘리는 것은 병이 아니다.

정답

1. ×, 아기들이 흘리는 침의 양은 어른들이 흘리는 침의 양과 비슷하대요. 그런데 아기들은 아직 잘 삼키질 못해서 침을 흘리는 거예요.

2. ○, 우리는 밥 먹을 때 침을 흘리죠. 맛있는 치킨을 생각하기만 해도 침이 질질 나오잖아요. 하루 동안 우리가 흘리는 침을 모두 모으면 1.5 리터 페트병 한 개를 채울 정도라고 해요. 그렇게 많은 침이 다 어디로 가느냐고요? 꿀꺽꿀꺽 다 삼키지요(말을 하면서 튀기는 건 빼고).

3. ×, 침은 침샘이라는 곳에서 나와요. 큰 침샘은 귀 밑에 2개(이하선), 턱뼈의 옆 아래에 2개(악하선), 혀의 앞쪽 아래에 2개(설하선), 모두 합해서 6개가 있어요. 입술, 혀, 볼 안쪽, 입천장에도 작은 침샘이 있지만 구멍이 너무 작아서 눈으로 볼 수는 없대요. 침은 주로 큰 침샘에서 만들어지는데, 귀 밑에 있는 이하선에서는 묽은 침이 만들어지고 다른 침샘에서는 끈적끈적한 침이 만들어진다는군요.

4.○, 5. ×, 이하선에 바이러스가 침입하면 볼거리라는 병에 걸리는데, 의사 선생님들은 '유행성 이하선염'이라고 부른대요. 양쪽 이하선이 부어서 볼이 퉁퉁하게 붓는다고 해서 '항아리 손님'이라고도 했대요. 얼굴이 커지면 창피해서 어쩌냐구요? 열도 나고 무진장 아파서 그런 생각할 틈도 없어요. 볼거리를 하면 친구들에게 옮길 수가 있어 학교에 가지 않아도 되지만, 아파서 학교에 안 가는 거니까 하나도 안 좋더라고요.

6. ○, 침을 조사하면 그 사람의 혈액형을 알 수 있고, 에이즈라는 무서운 병에 걸렸는지도 알 수 있대요. 경찰들은 담배꽁초에 묻은 침으로 범

인을 찾아내기도 한다는데, 침으로 별 걸 다 하지요?

7. ○, 아무 것도 안 먹어도 침이 조금씩 나오는데, 밥을 먹을 때는 평소의 8배나 많이 나오기도 한대요. 보통 때 나오는 침은 묽고 약한 산성을 띠고 있지만, 밥을 먹을 때 나오는 침은 끈적끈적하고 중성상태가 된대요. 참 신기하지요? 이건 침 속의 효소가 작용하기 좋도록 만들기 위해서래요.

어른들은 '입 안이 탄다' 라는 말을 쓰잖아요. 우리도 달리기 시합 때 출발선에서 신호를 기다리고 있을 때나 시험볼 때는 입 안이 마르죠. 하지만 맛있는 걸 볼 때는 침이 꼴깍꼴깍 넘어가죠. 침은 마음이 편하고 기분 좋을 때는 잘 나오지만, 불안하고 긴장하면 잘 안 나온대요. 그래서 그럴 때 밥 먹으면 잘 체하는 거예요.

8. ○, 우리는 침을 지저분하다고 생각하지만 아주 중요한 일을 많이 한대요.

침이 없으면 어떨까요? 물기가 없는 마른 빵 같은 건 먹기 힘들겠지요? 음식을 삼키기도 힘들고요. 혀가 부드럽게 움직이질 않아서 발음도 잘 안되고, 말도 잘 할 수 없어요. 입 안이 마르지 않게 하고, 말을 부드럽게 할 수 있는 건 침에 들어 있는 뮤신이라는 물질 덕분이지요. 뮤신은 침을 약간 끈적거리게 하는 성분인데 기계가 잘 움직이게 해주는 윤활유 같은 거지요.

하지만 아무래도 침에 가장 많이 들어 있는 건 물이에요. 수분은 입 안에 있는 음식물 찌꺼기와 세균을 씻어내서 입 안을 깨끗하게 해주기도 하고, 충치균이 만든 산을 희석시켜 충치가 되는 걸 막아주기도 해요.

어떤 사람은 침을 '건강의 파수꾼'이라고 부르는데, 그건 몸에 나쁜 세균을 막아주는 성분이 있기 때문이지요. 다쳤을 때 엄마가 침을 발라 주면 지저분하게 생각했는데 다 나름대로 이유가 있어서인가 봐요. 그러고 보니 우리 집 고양이 미미와 강아지 쩝쩝이도 상처가 났을 때 침을 바르더라고요.

하지만 거꾸로 세균이나 바이러스가 침에 섞여서 밖으로 나올 수 있기 때문에 감기나 간염에 걸린 사람의 침은 조심해야 해요. 충치균도 침을 통해서 감염될 수 있다는 건 이미 알고 있지요?

9. ○. 침 속에는 '아밀라아제'라는 효소가 들어 있어서 녹말을 엿당으로 분해하는 일도 한대요. 녹말은 달지 않지만 엿당은 단맛이 나니까. 밥을 넣고 씹다보면 달착지근해지는 것으로 녹말이 분해된 걸 알 수 있대요.

10. ×, 이렇게 중요한 일을 많이 하는 침이 부족해지면 말하나마나 병이 되겠지요? 입 안에 침이 부족한 병을 구강건조증이라고 해요. 구강건조증인 사람은 말을 오래 계속할 수 없고, 입에서 심한 냄새가 나서 사람들이 같이 말하는 걸 좋아하지 않는대요. 음식을 삼키는 것도 힘들고, 세균 때문에 입 안이 잘 헐고 충치도 많이 생긴다는군요.

그럼 침을 많이 흘리는 건 어떠냐고요? 맛있는 걸 보면 침이 많이 나오는 건 정상이지만, 지나치게 많이 나오는 건 특별한 병이 있는 경우가 많대요. 그러고 보면 침은 적어도 탈, 너무 많아도 탈인가 봐요.

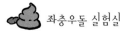 좌충우돌 실험실

침이 질질 흐르는 실험

① 입을 '아' 하고 벌린 다음 설탕을 약간 먹는다.
② 이제 물을 마셔서 입 안을 깨끗이 한다.
③ 이번에는 소금을 약간 먹는다.
④ 다시 물을 마셔서 입 안을 깨끗이 한다.
⑤ 이번에는 레몬을 약간 먹는다.

어떤 걸 먹었을 때 침이 제일 많이 나왔나요?
신 음식을 먹을 때 침이 제일 많이 나오는 거래요. 신 레몬을 생각만 해도 침이 고인다구요?

침 나오는 말

—『왕호기심 군, 더부룩 아저씨 뱃속으로 들어가다』는 내가 침 발라놓은 책
  이야.
  (침 발라놓다 : 자기 것이라고 표시하다)
—막무가내, 꼴까닥, 대충이! 너희 내 『왕호기심 군, 더부룩 아저씨 뱃속으로
  들어가다』에 침 흘리지 마.
  (침 흘리다 : 제 것으로 하고 싶어 게걸스레 탐내다. 비슷한 말 '침 삼키다', 더
  강한 말 '군침 흘리다')
—입에 침이나 바르고 말해라.
  (거짓말 하지 마라)
—아첨이는 침 발린 말을 잘 해.
  (속마음은 안 그러면서 겉으로만 듣기 좋게 꾸며서 하는 말, 마음에도 없는 말)

침 범벅이 되어 식도로 꿀꺽

더부룩 아저씨가 김치를 드셨는지 캡슐이 온통 시뻘겋게 되었다. 좀 전에는 햄버거를 드시더니, 참 식성도 독특하시군! 이번에는 귤이다. 귤이 어금니에서 톡 터질 때는 주황빛 보석 같았다.

"꼬르륵 박사님, 침이 소나기처럼 쏟아져 내려요."

"귤이 엄청 시었나보군. 이거 아무래도 안 되겠는걸. 입 안은 볼 만큼 봤으니 이제 식도로 넘어가세."

박사님은 캡슐을 시커먼 목구멍 쪽으로 움직였다. 시커먼 낭떠러지 같은 목구멍 가까이에 다가가 목젖이 보일 때쯤 더부룩 아저씨가 꿀꺽 삼키는 바람에 캡슐은 침범벅이 되어 갑작스럽게 식도로 넘어갔다.

절벽에서 떨어지는 게 무서워 눈을 꾹 감았는데 그게 아니었다. 식도의 거대한 벽이 캡슐을 조여왔다. 나는 금방이라도 캡슐이 터질 것 같아 불안했지만 박사님은 태연하게 식도 벽을 살펴보고 계셨다. 붉은 색의 주름이 잡힌 거대한 벽은 캡슐의 불빛에 번들번들 빛이 났다.

식도벽의 위쪽이 꿈틀꿈틀 오므라들면서 조여들고 그때마다 캡슐은 자꾸 아래쪽으로 밀려 내려갔다.

"이게 바로 연동운동이라고 하는 걸세. 물구나무서서 음식을 먹어도 토하거나 거꾸로 나오지 않는 것은 식도벽의 근육이 위쪽부터 오므라들었다 늘었다 하면서 음식물을 위로 내려 보내기 때문이지."

더부룩 아저씨는 목에 뭐가 걸렸는지 몇 번이나 '캑캑' 거렸고, 그때마다 캡슐이 토해질 듯이 들썩거리더니 갑자기 캡슐 안의 불이 꺼지면서 온 천지가 캄캄해졌다. 바로 옆에 있는 아빠의 얼굴도 보이지 않았다. 나는 어둠 속을 더듬어 아빠의 손을 찾아서 꼭 쥐었다. 식도를 따라 한참을 내려갔다고 느꼈다. 그런데…….

"음, 예상대로 딱 5초 걸렸군."

난 5분도 더 지난 것 같은데……. 겨우 5초밖에 안 걸렸다고?

철도 녹이는 위액 속으로 텀벙

"야, 불이 들어왔다!"

갑자기 앞이 확 넓어지면서 지저분한 쓰레기 같은 것들이 잔뜩 들어있는 걸쭉한 액체 속으로 텀벙 빠졌다.

"드디어 위에 도착했군."

꼬르륵 박사님의 말에 주위를 살펴보니 벽은 미끈미끈하고 윤기 나는 분홍색 천을 마구 구겨놓은 것처럼 생겼다. 박사님 말로는 바깥쪽은 번들번들한 근육으로 되어 있다고 한다. 캡슐 주위에 둥둥 떠다니는 것을 자세히 보니 더부룩 아저씨가 먹은 음식물 조각들이었다. 반쯤 소화된 고기, 콩알 조각, 햄, 귤 알맹이, 찢어진 배추 조각, 고춧가루, 피자치즈……

더부룩 아저씨는 참 많이도 먹었다. 더부룩 아저씨의 위가 터지는 건 아닐까? 더럭 겁이 났다.

"박사님, 더부룩 아저씨한테 그만 먹으라고 해주세요. 이러다 위가 터지겠어요."

"걱정 말게. 위가 터져서 죽는 일 같은 건 절대 일어나지 않을 테니까. 더부룩 군은 햄버거, 피자 같은 걸 너무 좋아해서 탈이지만……."

"아~, 그래서 배 터져 죽었다는 사람이 없나보다."

아빠가 신기하다는 듯이 말했다. 늘 한 박자 늦으신다니까.

갑자기 캡슐이 팽글 한 바퀴 돌았다.

"박사님, 더부룩 아저씨가 움직이나봐요?"

"이건 위가 스스로 움직이는 거라네."

"네?"

"우리가 느끼든 못 느끼든 위는 1분에 세 번 정도 움직인다네. 위의 연동운동이라는 거지."

위가 알아서 움직인다고?

"자네 이런 말 들어봤나? 우리가 잘 때 위도 잠자고, 화를 낼 때위도 같이 흥분하고 기분 나빠한다는 거 말일세."

"정말이에요?"

"꼭 그렇다고 할 순 없겠지만 그만큼 우리의 감정이나 신체상태에 민감하게 반응한다는 뜻이지. 우리가 잠잘 때 위는 아주 천천히움직이고 흥분할 때는 위액을 마구 쏟아내면서 격렬하게 움직인다네. 또, 엄마한테 야단맞고 풀이 죽어 있으면 위도 풀이 죽어서 잘 안 움직이기 때문에 쉽게 체하게 되는 거지."

그때 위가 또 꿈틀거렸다.

음식이 들어오면서 걸쭉한 죽 같은 것이 점점 늘어났다. 아빠도 그렇게 느끼셨는지 박사님께 질문을 하셨다.

"꼬르륵 박사님, 위에서는 음식이 녹나 봐요. 죽이 되는데요?"

"녹는다기 보다는 위액에 의해 음식물이 분해되어서 걸쭉하게 된 거지요. 이걸 '미죽'이라고 합니다. 어디 맛을 한번 볼까?"

꼬르륵 박사님은 캡슐에 달린 로봇 팔로 미죽을 한 컵 떠서 맛을 보았다.

"으- 역시 시군. 위액은 강한 산성이라서 철이나 뼈도 녹일 수 있을 정도라네."

"아! 박사님 이제 알았어요. 왜 캡슐을 철로 만들지 않았는지⋯⋯. 철이 위액의 산에 녹을까봐 그런 거지요?"

"훌륭하군, 자네 말대로라네. 아참, 오해할까봐 말해두는 건데 위산이 철을 녹인다고 해서 영화에서 보듯이 철이 녹아서 물엿처럼 뚝뚝 떨어지는 것은 아니라네. 철의 겉부분이 약간 영향을 받는다는 뜻이지. 그럼 이제 미죽 맛도 한번 볼텐가? 아버님도 한번 드셔 보시지요?"

"아, 아니에요. 됐어요. 똥기계 너도 안 먹는 게 좋을 것 같은데⋯⋯."

아빠는 깜짝 놀란 표정으로 도망이라도 갈 듯이 몸을 뒤로 빼면서 거절했다.

"에이 아빠도, 내가 먹어 볼게요. 웩- 꺽꺽. 에, 퉤퉤퉤."

아빠가 말릴 때 들을 걸……. 목이 아프고 속이 뒤집힐 것 같았다 (사실 이렇게 맛을 보는 건 아주 위험한 일이다. 이것저것 맛을 보다가 무시무시한 독을 맛보고 혀가 까맣게 타서 죽을 수도 있으니까). 꼬르륵 박사님이 물을 준비하지 않았다면 난 정말 구역질이 나서 견딜 수 없었을 거다. 시큼한 것도 참을 수 없었지만 온갖 이상한 맛이 짬뽕이 된 듯한 맛에 머리가 띵할 정도였다니까. 굳이 그 맛이 어떤지 궁금한 사람은 토한 음식을 맛보면 된다.

"그러게 아무나 스팔란차니가 될 수 있는 게 아닐세."

여기서 잠깐

꼬르륵 박사님이 말한 스팔란차니

스팔란차니는 지금부터 300년쯤 전에 살았던 이탈리아의 과학자였다. 스팔란차니의 가장 큰 장점이자 단점은 궁금한 것이 있으면 참지 못한다는 것. 스팔란차니는 음식을 먹고 나면 어떻게 되는지 너무나 궁금했지만 사람 몸속으로 들어가 볼 수도 없고, 그렇다고 갈라볼 수도 없었다. 우리처럼 살아있는 사람의 몸속에 들어와 본다는 건 상상도 못하던 시절이었다.

그래서 생각해낸 방법이 음식을 먹은 다음 토해서 어떻게 되었는지 관찰하는 것이었다. 토한 음식에서는 시금털털한 냄새도 나고 아직 소화가 안돼서 씹다 만 음식물 조각이 그대로 남아있는 것도 발견했겠지? 그 정도라면 말도 않겠다. 한 번 토해서 조사를 마친 스팔란차니는 자기가 토한 음식을 먹은 뒤 다시 토해서 어떻게 변했는지 관찰하였다. 먹고, 토하기를 세 번이나 반복했다고도 한다. 정말 믿을 수 없는 이야기지? 또, 토한 음식을 그릇에 담아 따뜻한 곳에 두고 시간이 지나면서 어떻게 달라지는지 살피는 등 온갖 메스꺼운 실험을 했다. 그렇게 역겨운 실험을 하더라도 좋은 결과를 얻기는 힘들었지만, 위 속에서 음식물이 계속 소화된다는 것은 알 수 있었다.

자, 스팔란차니에게 도전장을 낼 비위 좋은 친구 있어?

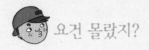 요건 몰랐지?

위에 관한 엽기적인 실험 베스트(마르탱 이야기)

1822년 미국에서 18살밖에 안 된 마르탱이란 젊은이가 총에 맞는 사건이 생겼다. 총알은 갈비뼈 사이를 뚫고 폐와 위에 구멍을 냈지만, 마르탱은 기적적으로 살아났다. 하지만 위에 생긴 구멍은 완전히 메워지지 않았다.

처음에는 밥을 먹으면 음식물이 배에 난 구멍을 통해 몸 밖으로 흘러나와 손으로 밀어 넣어야 했지만, 점차 회복되면서 위 내부의 막이 자라서 음식물이 밖으로 흘러나오는 건 사라졌다. 하지만 배에 난 구멍을 통해 위 안쪽 막을 손가락으로 밀면 위 속에 음식을 직접 집어넣을 수도 있었다.

위에서 어떤 일이 일어나는지 알아보기에 이보다 좋은 실험 대상은 없었다.

버몬트라는 의사는 정부의 지원을 받아 마르탱을 대상으로 온갖 실험을 다 했다. 어떤 때는 마르탱을 쫄쫄 굶겨놓고 위에서 어떤 물질이 나오는지, 밥을 먹은 다음에는 어떻게 달라지는지 조사하고, 어떤 때는 실에 매단 고기를 구멍으로 집어넣었다가 10분 있다 빼서 살펴보고, 다시 밀어 넣었다가 30분 지나서 또 꺼내보고, 어떤 때는 위 속에 들어 있는 액체를 꺼내서 고기조각을 넣고 온도를 바꿔가면서 실험하기도 하였다.

몇 년 동안 연구한 끝에 버몬트는 몇 가지 중요한 사실을 알아냈다.

사람들이 토할 때 나오는 기분 나쁜 노란 액을 위액이라고 하지만, 순수한 위액은 투명하고 냄새가 없으며 약간 짠맛이 있고 신맛이 강하며 염산이 들어 있다.

위가 꿈틀거리는 힘으로 음식물을 분해하는 것이 아니라 위액에 의해 음식물이 소화되며, 위액은 소화시켜야 할 음식이 위에 들어왔을 때 많이 분비된다.

고깃덩어리 같은 음식은 위에서 잘 소화되지만, 기름기 많은 음식이 들어가면 위액이 잘 나오지 않고 소화도 안된다.

화를 내거나 걱정거리가 있을 때는 위액이 조금밖에 안 나온다.

버몬트는 이 일로 엄청 유명해졌다.

그 후 마르탱은 자기를 괴롭히는 버몬트를 피해서 그랬는지 어떤지는 모르겠지만, 총기 사고가 난 지 10년 후에 군에 들어갔다. 그리고는 귀찮게 따라다니며 실험하자고 졸라대는 버몬트의 요구를 더 이상 들어주지 않고 남들처럼 평범하게 살다가 82살에 죽었다. 과학자들이 마르탱의 죽은 시신이라도 박물관에 기증해달라고 했지만 가족들은 거절했다. 죽어서도 사람들의 구경거리가 되는 게 싫었나보다.

　위가 끊임없이 꿈틀거려서 아빠와 난 멀미가 났지만 꼬르륵 박사님은 미죽을 가지고 몇 가지 조사를 하고 실험도 하셨다. 정말 과학자는 위대하다!

　"꼬르륵 박사님, 위액이 철도 녹일 수 있을 정도의 강한 산성이라면서 어떻게 위는 멀쩡한가요?"

　"날카로운 질문이군. 사실 위를 보호하기 위한 특별한 방법이 없다면 자네 말대로 위도 고기 조각처럼 소화되어 버릴 걸세. 아까 침을 끈적거리게 만드는 성분이 뭐였는지 기억나나?"

　"뮤신이요."

　"그래, 뮤신이 위에서도 나온다네. 위벽은 뮤신으로 잘 덮여 있어서 위액에도 멀쩡한 거라네. 프라이팬에 음식이 눌어붙지 않고 잘 타지 않도록 코팅하듯이 위 안은 뮤신으로 코팅되어 있는 셈이지."

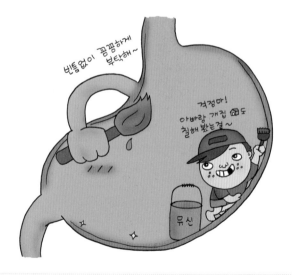

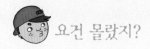

알면 알수록 신기한 '위' 이야기 베스트 10

위는 밥통

위를 순수한 우리말로 하면 밥통이다. 말 그대로 우리가 먹은 음식을 모조리 위에다 담았다가 적당히 소화시켜 걸쭉한 죽으로 만들어 십이지장으로 보낸다. 위에 담을 수 있는 음식의 양은 보통 사람은 1-2리터 정도이다(어떤 위대(?)한 사람은 4리터까지 담는다고 한다. 정말 위대하지). 1.5리터 페트병에 담긴 물을 부어도 다 담을 수 있다는 이야기다.

위가 없어도 산다?

그런 사람도 있다. 위가 암 같은 몹쓸 병에 걸렸을 때 잘라내지 않으면 다른 곳까지 병들게 된다. 그럴 경우 위를 잘라내더라도 살 수는 있지만, 위에 음식을 담아둘 수 없으니 조금씩 소화시키기 쉬운 죽 같은 상태로 자주 먹어야 한다. 소화 능력이 약해지는 건 어쩔 수 없는 일!

위에는 문이 두 개 있다

위의 입구는 식도와 연결된 부분이고 출구는 십이지장과 연결된다. 입구와 출구에는 문이 있다. '똑똑! 음식 들어갑니다. 똑똑! 음식 나갑니다.' 그렇게 여닫는 문은 아니다. 수축하는 힘이 강한 근육으로 된 문인데, 이 문의 모습이 정 궁금하다면 사람의 몸에 있는 또 하나의 문을 보는 방법이 있다. 바로 항문, 쪼글쪼글한 근육으로 된 신축성 좋은 문이다. 자, 이제 상상이 되지? 식도와 연결된 문은 분문, 십이지장과 연결된 문은 유문이라고 한다.

위산은 세균에게는 죽음의 바다

위벽의 세포에서는 음식이 들어오면 위액을 분비한다. 그 중에는 염산 성분의 위산이 있다. 어찌나 강하고 독한지 음식물에 슬쩍 섞여 들어온 웬만한 세균은 여기에서 모두 죽는다. 덕분에 친구가 싸온 김밥을 더러운 손으로 집어 먹어도 멀쩡한 것이다. 그러나 방심은 금물! 밥 먹기 전에 손 씻는 것을 잊지 말자.

단백질을 자르는 가위, 펩신

위액 속에는 위산만 있는 것이 아니라 펩신이라는 효소도 있다. 펩신은 신기하게도 위산이 만드는 강한 산성상태에서 제 세상을 만난 듯 신나게 단백질을 잘라댄다. 그럼 펩신을 중성상태에 두면 어떻게 되냐고? 단백질을 자를 수 없다. 아참, 깜빡할 뻔했는데 침 속에 있던 아밀라아제는 위산 때문에 강한 산성상태인 위에서는 작용을 하지 못한다. 효소는 꽤 까다로운 가위(?)여서 조건이 안 맞으면 작동할 수 없다.

위도 소화될 수 있다

우리가 고기를 먹을 때 어떤 영양소를 많이 얻을 수 있지? 단백질이다. 물론 위도 단백질로 되어 있다. 그러니 위도 소화될 수 있다는 말인데, 위에게는 가장 무서운 일이겠지? 그래서 갖가지 방법으로 위 자신이 소화되는 것을 막는다.

코팅하고, 새로 갈아입고

무시무시한 위산으로부터 위벽이 상하는 걸 막으려면 특별한 방법이 필요하다. 위는 끈적거리는 뮤신으로 위벽을 코팅하는데, 빈틈없이 꼼꼼하게 잘 싸야 한다. 코팅 두께는 0.6밀리미터, 우리가 보통 사용하는 자의 가장 작은 눈금의 반이 조금 넘는다. 하지만 아무리 잘 싸더라도 위벽의 세포도 피해를 입게 마련. 그래서 위벽에서는 1분 동안 50만 개의 세포가 죽고 새로 생기며, 3일이면 위벽 전체 세포가 싹 바뀐다. 위벽은 3일마다 한 번 새 옷으로 갈아입는 셈이다.

위산이 많으면 속이 쓰리다

스트레스를 받거나 맵고 짠 찌개와 같이 자극적인 음식을 먹으면 위산이 더 많이 나온다. 위산이 너무 많아서 위벽의 세포가 손상을 입으면 속이 쓰리고 아프다. 아빠가 속 쓰릴 때 먹는 제산제라고 하는 약에는 위산을 중화하는 성분이 들어 있다고 한다.

배가 고프면 밥 달라고 꼬르륵

몇 시간 동안 밥을 먹지 않아 위가 비어 있으면 가스가 가득 차게 된다. 이럴 때 밥 생각을 하거나 음식 냄새를 맡으면 위가 음식이 있을 때처럼 꿈틀거리며 비틀어 짜는 운동을 하는데 그 때문에 가스가 십이지장으로 빠져나가면서 '꼬르륵' 소리가 난다.

꼬르륵 말고 다른 소리도 난다고? '꾸르륵, 꾸르릉' 하는 소리는 가스가 섞여 있는 음식물 찌꺼기(앞으로 뭐가 될 건지 알겠지?)가 대장을 지나면서 나는 거다.

밥을 많이 먹으니 졸려 아ー 함

밥을 많이 먹으면 졸린다. 과식하면 위가 더 많이 움직여야 하고 위산과 펩신도 많이 만들어야 한다. 위가 해야 할 일이 많아진 거다. 그러면 혈액이 위에 모여 드는 대신 다른 부분에는 피가 적게 공급된다. 그래서 졸린다. 내가 한창 졸고 있을 때 위는 시뻘개져서 열심히 일하고 있겠지?

위산보다 지독한 헬리콥터? 아니 헬리코박터!

꼬르륵 박사님의 이야기 중에 갑자기 아빠가 뭔가 생각났다는 듯이 질문을 하셨다.

"만일 맨몸으로 그냥 들어왔다면 우리도 저렇게 녹아버리는 건가요?"

"만일 그랬다면 우리는 저기 보이는 흐물흐물한 고기 조각하고 같은 신세가 되었겠지요."

더부룩 아저씨의 위 속에서 온몸이 녹아 저렇게 죽처럼 된다면……. 갑자기 온몸에 소름이 쫙 끼쳤다.

"그럼 위에서는 아무것도 못 살겠네요?"

"위와 같은 환경은 어떤 생물에게든 가장 끔찍한 지옥인 셈이라네. 그래서 생물학자들은 위에서는 어떤 것도 살지 못한다고 믿었지. 실제로 대부분의 세균이 위에서 죽는다네. 하지만 최근에 이런 끔찍한 곳에서도 살아남는 세균이 있다는 것이 밝혀졌다네."

"네? 위에도 세균이 산다고요?"

"그렇다네. '헬리코박터'라 부르는 세균이지."

"헬리콥터요?"

"헬·리·코·박·터일세. 제대로 부른다면 '헬리코박터파이로리'라네."

자꾸 혀가 꼬여서 발음이 잘 안되지만, 꼬르륵 박사님이 말씀하신 것을 정리하자면 이렇다.

여기서 잠깐

헬리코박터파이로리

모든 생물학자와 의사들이 '위산으로 뒤덮인 위에서는 어떤 생물도 살 수 없다'라고 생각했다. 그런데 1979년에 오스트레일리아(호주)의 워렌이라는 과학자가 위에서 세균을 발견했다고 말했다. 아무도 그의 말을 믿지 않았다. '그럴 리가 없어, 위가 아니라 다른 곳에서 사는 세균을 잘못 안 걸 거야.' 그러나 오스트레일리아의 배리 마샬이라는 박사는 워렌이 말한 것을 믿고 그 세균이 어떤 건지 알아보기 위해 세균을 찾아 헤맸다.

끊임없는 연구 끝에 드디어 1982년에 이 세균을 몸 밖에서 길러 사람들에게 보여줌으로써 위에서 세균이 살고 있다는 것을 증명했다. 과학자들과 의사들은 놀라 자빠질 지경이었다. 하지만 헬리코박터가 얼마나 나쁜 세균인지는 여전히 모르고 있었다. 이 세균이 얼마나 나쁜지 알아보기 위해 마샬은 자기가 기른 세균을 직접 마셨다. 그 결과 마샬은 위궤양에 걸려 아파서 죽는 줄 알았다.

이제는 모든 사람들이 헬리코박터가 위를 아프게 하는 나쁜 세균이라는 것을 믿게 되었다. 그리고 마샬은 세계적으로 엄청 유명해졌다. 처음에는 다른 이름으로 불렀지만, 나중에 위의 유문(파이로리) 근처에 사는 나선(헬리코) 모양의 세균(박터)이라고 해서 '헬리코박터파이로리'라고 이름지었다.

헬리코박터는 위염, 위궤양, 위암을 일으키는 주범이라고 한다. 그리고 이 세균이 살고 있으면 어린이가 잘 자라지 못한다고 주장하는 학자도 있다. 정말 나쁜 세균이다.

"어떻게 헬리코박터는 위 속에서도 살 수 있는 거지요?"

아빠는 헬리코박터한테 관심이 많으셨다.

"헬리코박터는 특별한 효소를 가지고 있어서 염기성인 암모니아를 만들기 때문에 위산을 중화시킬 수 있습니다."

"근데 왜 헬리코박터가 있으면 위궤양에 걸리게 되는 거지요?"

그거 봐, 아빠는 역시 헬리코박터한테 특별히 관심이 많으시다니까.

"헬리코박터는 실처럼 생긴 편모를 가지고 있습니다. 이 편모를 채찍처럼 휘둘러서 움직이지요. 세균은 보통 편모를 한두 개만 가지고 있는데, 헬리코박터는 서너 개를 가지고 있습니다."

"그럼 빨리 움직일 수 있겠네요."

"그렇다네. 대장균보다 20배나 빠르지. 게다가 헬리코박터는 위벽을 보호하는 뮤신 사이를 미꾸라지처럼 뚫고 들어가 헤집고 다닌다네."

"네?"

"그래서 위벽에 상처가 나게 되면 위산에 닿아 쓰라리고, 심해지면 위벽의 깊숙한 부분까지 헐어서 위궤양이 되는 거지요. 성인의 열 명 중 예닐곱 명은 헬리코박터에 감염되어 있다고 합니다."

갑자기 아빠는 배가 아픈지 얼굴을 찌푸리셨다. 혹시 아빠 몸속에도 헬리코박터가 살고 있는 건 아닐까? 열 명 중에 예닐곱 명이라니……. 이거 너무 많은 거 아냐?

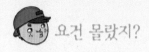 요건 몰랐지?

헬리코박터를 몸속에 키우지 않으려면

ㅡ야채는 잘 씻어서 먹는다. 세균을 가지고 있는 사람의 똥으로 오염된 물
　로 길렀을 지도 모르니까.
ㅡ숟가락과 젓가락을 다른 사람과 같이 쓰지 않는다.
ㅡ음식을 씹어서 아기에게 먹이지 않는다. 드물긴 하지만 충치균과 함께
　헬리코박터까지 줄 수 있다고요!

　나중의 일이지만 뱃속탐험을 마치고 집에 돌아와서 텔레비전을
보다가 동그란 안경을 쓴 마샬 박사님을 보았다. 헬리코박터가 위
에 나쁘다는 것을 알아냈다는 배리 마샬 박사님 말이다. 마샬 박사
님은 워렌 박사님과 함께 헬리코박터파이로리를 발견하고 감염되
었는지를 진단하고 치료하는 법을 연구한 공로로 2005년 노벨생리
의학상을 수상하셨다고 한다. 세계 최고의 과학자에게 주어진다는
노벨상을 받다니 정말 대단하다. 난 왠지 모르게 마샬 박사님이 친
숙하게 느껴졌다.

손가락 열두 마디 길이의 십이지장으로

헬리코박터 이야기를 하는 동안에도 캡슐은 1분에 세 번 꼴로 끊임없이 흔들렸다. 더부룩 아저씨의 위는 아주 건강했다!

그런데 캡슐의 움직임이 지금까지와는 차원이 달랐다. 그야말로 장난이 아니었다.

"유문에 가까워진 모양이군. 아이쿠!"

"빨리 안전벨트를 매게나. 아야야."

위액 속에 떠올랐나 하면 갑자기 공중제비를 하듯 휘리릭 세 바퀴를 돌고, 조금 정신차릴 만하면 또 앞으로 뒤로 출렁. 언젠가 놀이공원에서 아빠하고 같이 탄 다람쥐통 속에 있는 것만 같았다. 이리 부딪치고 저리 부딪치고 머리가 '땅' 하고 멀미가 나서 금방이라도 토할 것 같았다.

"박사님, 너무 힘들어요. 못 참겠어요. 웩웩-"

"어서 여길 빠져나가세."

꼬르륵 박사님은 오므라들었던 유문이 다시 벌어지자 제트 엔진을 작동시켜 얼른 문을 통과했다. 아슬아슬했다. 하마터면 캡슐 꽁무니가 유문에 낄 뻔했다.

"휴, 이제 살았다."

"위에는 다시 들어가고 싶지 않아."

"캡슐이 심하게 흔들리고 뒤집힌 건 위가 힘차게 움직였기 때문이라네. 식도에 가까운 부분은 덜 하지만 유문 쪽으로 갈수록 위가 뒤흔들고 쥐어짜는 연동운동이 활발해서 위액과 음식이 잘 섞이게 된다네."

"박사님, 이곳은 어디예요? 바닥에서 천장까지 온통 융단을 깔아 놓은 것 같아요."

"이곳은 소장의 시작부위인 십이지장이라네. 길이가 손가락(지) 열두 마디(십이) 정도 된다고 해서 붙은 이름이지."

그때 갑자기 캡슐 불빛을 받아 황금빛으로 반짝이는 갈색의 액체와 노르스름한 액체가 와르르 쏟아졌다.

"히야, 황금빛이다."

"멋있다. 박사님 이게 뭐예요?"

"음, 쓸개즙과 이자액이 분비되는 모양이군. 헌데 너무 감탄하지는 말게. 그 황금빛이 조금 있으면 똥색이 될 테니 말일세."

"네? 똥색이요?"

"그렇다네. 우리가 흰 쌀밥을 먹어도 똥 색깔이 희지 않은 건 쓸개즙 때문이라네."

저렇게 멋있는 황금색이 똥색이 되다니 믿기지가 않았다.

"그런데 박사님, 쓸개즙이라고 하면 '이 쓸개 빠진 녀석아' 라고 할 때의 그 쓸개인가요?"

"하하하, 그렇다네. 담낭이라고도 하지."

"똥기계, 너 '웅담'이라고 들어봤지? 그건 곰 쓸개를 말하는 거야. 아참! 박사님, 웅담이 정말로 그렇게 정력에 좋은가요? 드셔보셨어요?"

박사님은 약간 불쾌하다는 듯이 대답하셨다.

"웅담을 먹어 본 적은 없습니다. 쓸개에 대한 과장되고 잘못된 생각 때문에 우리나라 사람들이 유난히 웅담에 집착하는 거지요."

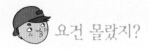 요건 몰랐지?

쓸개에 대한 몇 가지 오해!

담력은 쓸개에서 나온다?

오래 전부터 사람들은 쓸개가 우리의 정신과 깊은 관계가 있다고 생각하고, 결단력이나 담력이 쓸개에서 나온다고 생각했다고 한다(쓸개의 다른 이름이 담낭인 것도 이런 생각과 관련이 있나보다). 이것은 육체와 정신을 하나로 보는 동양적 사상에서 비롯된 것일 뿐 실제로 쓸개에 그런 정신적인 힘이 있을 리 없다. 그럼 쓸개가 큰 사람이 담력이 커야 되게.

웅담을 먹으면 힘이 세진다?

옛날 사람들은 쓸개로부터 담력이 나온다고 생각했으니 동물 중에서도 가장 뚝심이 좋고 사나운 곰의 쓸개를 최고로 칠 수밖에. 하지만 곰 쓸개를 먹는다고 해서 곰이 될 리는 없는 법! 그러니 웅담을 먹는다고 곰처럼 힘이 세질 리는 없다. 요즘에는 멧돼지, 오소리, 뱀, 개, 물고기 쓸개까지 안 먹는 게 없다는데……. 아저씨들 상식적으로 생각 좀 해보세요.

"그건 그렇고 이자액은 뭘 하는 건가요?"

아빠는 민망한지 얼른 화제를 바꿨다.

"이자액이 없다면 십이지장은 다 상하고 말 겁니다."

"네? 왜요?"

"생각해보게. 위에 있던 그 독한 위산과 펩신이 음식물하고 함께 십이지장으로 왔는데, 십이지장은 위벽처럼 뮤신으로 코팅이 안 되어 있지 않은가."

"아– 그렇겠네요. 그럼 이자액은 십이지장을 어떻게 보호해요?"

"이자액에는 탄산수소나트륨이라는 염기성 물질이 있어서 위산을 중화시킨다네. 위에서도 같은 방법으로 스스로를 보호한다고 했는데."

"아, 기억나요."

"그래서 죽처럼 된 음식물이 소장에서는 약한 염기성을 띤다네."

 그럼 여기에서 잠깐 돌발퀴즈!

위에서는 펩신에 의해 단백질이 분해되었다. 그렇다면 펩신이 소장에서도 여전히 단백질을 분해할 수 있을까?

① 할 수 있다.
② 할 수 없다.
③ 할 수도 있고 못 할 수도 있다.

정답

②. 침 속에 있던 아밀라아제가 위에서 작용을 못했던 이유가 무엇이었는지 기억하는 친구들은 눈치껏 맞출 수 있었을 거다. 펩신은 강한 산성에서 잘 작용한다. 이자액과 쓸개즙 때문에 약한 염기성으로 바뀐 십이지장에서는 단백질을 분해하지 못한다.

"이자액에는 탄산수소나트륨 말고도 아주 중요한 효소들이 있다네. 탄수화물, 지방, 단백질을 분해하는 효소가 들어 있네."

"쓸개즙에도 효소가 들어 있나요?"

"그렇지 않다네. 쓸개즙에는 효소가 없어. 하지만 쓸개즙이 없으면 기름기 많은 음식을 먹을 때 소화가 어렵다네. 왕호기심 군, 자네는 쓸개즙이 어디에서 만들어질 것 같은가?"

"당연히 쓸개 아니에요? 그러니까 쓸개즙 아닌가요?"

난 자신 없는 목소리로 대답했다. 문제에 뭔가 함정이 있는 것 같았다.

"그렇게 생각하기 쉽지만 쓸개즙은 간에서 만들어진다네."

"간에서요?"

뭔가 너무 복잡하다는 생각이 들었다. 꼬르륵 박사님이 자세한 설명을 해주지 않으셨다면 정말 혼란스러웠을 거다.

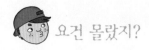
요건 몰랐지?

간과 이자에 대한 도움말

간

인체 최대의 화학 공장 : 간은 5백 가지도 넘는 일을 한다. 또, 간은 1천 가지가 넘는 효소를 생산한다. 우리 몸에서 하는 일 중에서 간에서 만들어진 효소가 참여하지 않는 것이라곤 거의 없다.

4분의 1만 있어도 OK : 간은 재생력이 뛰어나다. 4분의 3정도를 떼어내더라도 4개월 후에는 완전히 원래 크기로 재생된다. 그래서 간 이식 수술이 가능한 거다. 정말 엄청난 '간'이다.

쓸개즙 생산 공장 : 간은 매일 큰 우유팩 하나 분량인 1리터의 쓸개즙을 생산해서 쓸개로 보낸다. 쓸개즙은 지방을 물과 섞이기 쉽게 작은 입자로 만드는데, 이것을 유화라고 한다. 유화작용을 알고 싶다면 물 위에 식용유를 한 방울 떨어뜨리고 합성세제를 넣어본다. 기름이 확 퍼지는 게 보일 거다.

해독작용 : 몸속에서 생성된 암모니아라는 독성물질을 요소로 바꾸기도 하고, 아빠가 마신 술의 알코올을 분해하기도 한다. 해독작용을 하는 거다. 아빠, 술 많이 마시면 간이 불만스러워 팅팅 붓고, 그래도 힘들게 하면 일 안 하고 파업한대요.

포도당 저장창고 : 밥 먹고 나서 탄수화물이 분해되면 소장에서 흡수한 포도당은 간으로 보내지는데, 나중에 부족할 때를 대비해서 글리코겐으로 바꾸어 간에 저장한다. 그래서 밥을 많이 먹어도 당뇨병에 걸리지 않고, 배가 고파도 금방 쓰러지지 않는 거다.

간에 생기는 병 – 간염 : 간염은 간에 염증이 생기는 병으로, 간염 바이러스 때문에 주로 생기지만 알코올이나 간에 좋지 않은 약물 때문에 생기기도 한다. 간염 바이러스는 A형, B형, C형, D형, E형, G형이 있는데, 특히 A, B, C형이 문제라고 한다. A형은 전염이 잘 되지만 잘 낫고 오랫동안 고생하지는 않는다. B형은 가장 흔하고 A형보다 증상이 심한데, 우리가 어릴 때 맞은 간염 예방 주사는 바로 B형 간염을 막기 위한 거라고 한다. C형은 별 다른 증세가 없지만 오랫동안 계속 피로하게 만든다.

　얼굴이 누런 사람은 간이 안 좋다? : 거의 맞는 말이다. 적혈구가 수명을 다하고 분해될 때 '빌리루빈'이라는 노란 색소가 남는데 이것을 간에서 처리한다. 그런데 간에 이상이 생기면 빌리루빈이 그대로 피 속에 남아 얼굴만이 아니고 온몸을 노랗게 만든다. 심지어 눈의 흰자위도 노랗게 변한다고 한다. 이런 증상을 '황달'이라고 한다.

기타 등등, 설마 5백 가지나 되는 간이 하는 일을 다 이야기 하라는 건 아니겠지? 더 궁금한 건 직접 찾아본다. 새로운 사실을 알게 되면 나한테 알려주는 것도 잊지마.

이자

이자야? 개 혓바닥이야? : 이자는 크기와 모양이 큰 개의 혀와 비슷하다. 그렇다고 개 혀를 잡아당기는 위험한 행동은 하지 말자. 이자가 어떻게 생겼는지 알기도 전에 봉변을 당해도 책임 못 지니까.

소장을 보호하는 탄산수소나트륨 : 소장에서는 탄산수소나트륨이 나와서 위에서 넘어온 강한 산성의 위산과 펩신으로부터 소장을 보호한다. 탄산수소나트륨은 이자 속의 효소가 작용하기 좋은 약한 염기성 환경을 만들어주기도 한다.

지방에겐 정말 절실한 이자액 : 이자에서는 매일 쓸개즙만큼 이자액이 분비된다(쓸개즙이 얼마나 나오는지 모르겠으면 '간'에서 찾아볼 것). 이자액에는 녹말을 분해하는 아밀라아제, 단백질을 분해하는 트립신, 지방을 분해하는 리파아제 등의 효소가 들어 있다. 그 중에서도 지방을 분해하는 효소는 유일하게 이자에서만 나온다. 만일 이자에 이상이 생겨 이자액이 분비되지 않는다면? 우리가 먹은 기름기를 분해하지 못한다는 얘기. 그럼 어떻게 될지 상상해보라구.

살 빼는 약(?) : 살을 빼기 위해 먹는 약 중에는 리파아제가 잘 작용하지 못하도록 해서 지방의 분해나 흡수를 막는 것이 있다. 이런 약을 먹는 사람은 짬뽕국물에서 볼 수 있는 빨간 고추기름 같은 기름기 많은 똥을 눈다. 방귀를 뀔 때도 기름 똥이 나올 수 있으니까 조심해야 된다. 역시 적당히 먹고 규칙적으로 운동하는 게 건강에는 최고!

당뇨병과 이자 : 이자에서는 인슐린이라는 호르몬을 만드는데, 간에서 포도당을 글리코겐으로 바꾸어 저장하도록 조절하는 호르몬이다. 이자에 탈이 나서 인슐린이 제대로 나오지 않으면 피 속에 포도당이 그대로 남아 혈액 속의 포도당 농도가 높아진다. 그러면 신장에서 포도당을 다 흡수하지 못해 오줌 속에서도 포도당이 발견되는 당뇨병에 걸리게 된다. 당뇨병에 걸리면 오줌을 자주 누고, 물을 많이 마시며, 음식을 많이 먹어도 체중이 감소한다. 또, 갖가지 합병증에도 잘 걸리는데 발이 헐고 염증이 잘 생겨 발가락을 잘라내야 하는 경우도 생기고, 심하면 눈이 안 보이게 되기도 한다. 밥을 많이 먹는데도 살이 안 찌는데 혹시 당뇨병 아니냐고? 한창 자라나는 청소년이니까 크려고 그러는 거지.

꾸불꾸불 길고도 긴 소장

어느 새 우리는 십이지장을 벗어나 공장 속에 들어와 있었다. 공장이 어딘지 모른다고? 그럼 소장탐험을 위한 안내서를 참조하도록! 진작 얘기하지.

 여기서 잠깐

소장 탐험을 위한 안내서

소장은 먹은 음식을 오래 보관하면서 위에서 반쯤 소화된 음식물을 완전히 소화시키고 '몸 안'으로 흡수한다. 소장에 들어섰다는 것은 사방이 융단을 깔아놓은 것처럼 수많은 주름과 융털 같은 돌기가 나 있는 것으로 금방 알 수 있다. 왜 이렇게 징그러울 정도로 많은 융털이 있냐고? 양분하고 만날 수 있는 면적이 넓어야 흡수가 빠르니까. 몸에 있는 소장의 융털을 싹싹 다림질 해서 펼쳐 놓으면 교실 바닥을 세 번이나 덮을 수 있다! 융털이 어떻게 생겼는지 궁금하다면 곱창을 뒤집어서 돋보기로 들여다본다. 융털은 기껏해야 1밀리미터밖에 안 되니까.

소장을 구성하는 십이지장, 공장, 회장

십이지장 : 길이가 어른 손가락 한 마디의 열두 배 정도라고 한다. 아빠의 손
가락 한 마디의 길이가 2.5센티미터 정도니까……, 한 30센티미터 정도인 셈
이다. 알아봤더니 거의 비슷한 25–30센티미터라고 한다. 생긴 것은 말발굽
처럼 굽어있다(어떤 사람들은 C자형이라고 한다). 이자액과 쓸개즙이 나오는
구멍이 뚫려 있어서 이곳을 통과할 때는 갑자기 퍼붓는 이자액과 쓸개즙 때
문에 깜짝 놀랄 수도 있다.

공장 : 죽은 사람을 해부했을 때 보통 속이 비어 있어서 붙은 이름이다. 하지
만 이 곳을 지날 때 뿜어져 나오는 장액은 음식물을 거의 완전하게 소화시킨
다. 소장 길이의 5분의 2정도이다.

회장 : 꾸불꾸불하다고 해서 붙은 이름이다. 공장보다 약간 가늘고 융털 돌기

가 더 적다. 이곳에서 음식물은 완전히 소화되고 흡수도 마무리된다. 소장 길이의 5분의 3정도로 가장 길어서 통과하는데 가장 오래 걸린다. 그 끝은 맹장과 연결된다.

주의 : 십이지장을 통과할 때 이자액과 쓸개즙을 뒤집어 쓴 걸로 끝이라고 생각하면 오산이다. 공장과 회장을 통과하는 동안에도 끊임없이 소장에서 나오는 소화액을 뒤집어써야 한다.

"꼬르륵 박사님, 소장에서도 뭐가 나와요. 이게 바로 소장에서 나온다는 소화액인가요?"

"그렇다네. 장액이라고 하는데 아직 다 소화되지 못한 탄수화물과 단백질을 분해하는 효소가 들어있다네. 장액에 있는 효소가 작용하고 나면 이제 소장의 융털에서 영양분을 흡수할 수 있는 거라네."

"장액은 얼마나 나오나요?"

"소장이 워낙 길어서 분비되는 장액의 양도 많은 편이지. 매일 1.5리터 페트병 두 개를 가득 채울 만큼은 될 걸세."

그런데 한 가지 이상한 게 있었다.

"꼬르륵 박사님, 영양분이 흡수되려면 도대체 어떻게 되어야 한다는 거예요? 위에서 넘어올 때부터 저렇게 죽같이 되어 있었는데 또 효소가 필요한 이유가 뭐예요?"

"왕호기심 군, 3대 영양소라고 들어봤나?"

"네, 탄수……."

"탄수화물, 단백질, 지방이잖아요."

내가 막 대답을 하려는데 아빠가 먼저 대답을 하셨다.

"그렇습니다. 3대 영양소는 에너지를 내는 데 중요합니다. 그래서 많이 먹어야 하는 동시에 덩어리가 크기도 하지요."

"그럼 효소가 분해하는 영양소가 3대 영양소겠네요?"

꼬르륵 박사님은 고개를 끄떡이셨다.

"그렇다네. 소화효소는 결국 3대 영양소를 분해하기 위한 거라고 할 수 있지."

"우리 엄마는 쑥쑥 잘 크라고 비타민도 주시는데요."

"물론 3대 영양소 말고도 비타민, 무기염류 같은 영양소도 고루 섭취해야 하네. 우리 몸이 건강하려면 꼭 필요한 영양소니까 말일 세. 그런데 비타민이나 무기염류는 굳이 소화시킬 필요가 없이 소장에서 그대로 흡수할 수 있다네."

"아— 그럼 비타민 소화효소는 필요 없겠네요?"

"훌륭하네. 이제 과학자가 다 됐군."

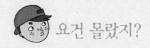 요건 몰랐지?

영양소에 관한 짧은 이야기

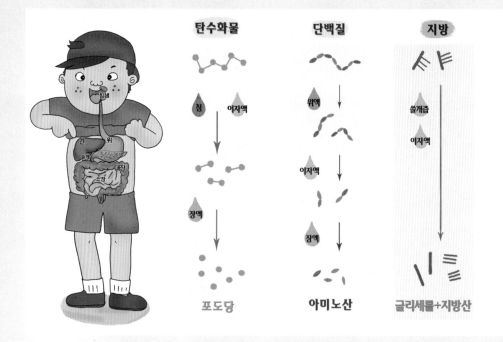

탄수화물 : 우리 몸에 필요한 에너지를 가장 많이 공급해준다. 우리가 매일 먹는 밥, 빵, 국수 등에 많이 들어 있는데, 주로 녹말의 형태이다. 녹말은 포도당이라는 작은 분자가 6천~7천 개 정도 결합되어 있는데, 소장에서 흡수되려면 포도당으로 쪼개져야 한다.

단백질 : 우리 몸을 만드는 가장 중요한 물질이라고 할 수 있다. 동물의 몸인 고기에 많이 들어 있는데, 소장에서 흡수되려면 아미노산으로 쪼개져야 한

다. 우리 몸에 필요한 아미노산은 20가지이다.

지방 : 탄수화물이나 단백질에 비해 같은 양으로 더 많은 에너지를 만들 수 있다. 그래서 쓰고 남은 것은 지방으로 저장하게 된다. 몸에 지방이 너무 많이 쌓이면 '비만'이라고 하는데, 비만도 좋지 않지만 너무 지방이 없어도 몸에 이상이 생길 수 있다. 소장에서 흡수되려면 지방산과 글리세롤로 쪼개져야 한다.

비타민 : 우리 몸의 여러 가지 기능을 조절한다. 밤에 잘 안 보이는 야맹증, 잇몸에서 피가 나는 괴혈병, 팔다리 근육이 힘을 쓰지 못해 제대로 걷지 못하는 각기병은 모두 비타민이 부족해서 생기는 병이다. 몸에서 못 만들기 때문에 반드시 음식으로 먹어야 한다.

무기염류 : 철, 칼슘 같은 것을 통틀어 무기염류라고 한다. 철이 부족하다고 쇠못을 씹어먹어봐야 철을 얻지는 못한다. 음식 속에 녹아 있는 상태로 먹어야 한다. 철이 부족하면 피 속의 적혈구를 만드는 데 이상이 생긴다.

"또 하나 궁금한 게 있어요, 박사님."

"뭔가? 말해보게."

"효소가 영양소를 분해할 때 한 번에 포도당, 아미노산 이렇게 쪼개면 되잖아요. 입에서도 분해하고, 위에서도 분해하고, 이자액으로도 분해하고 왜 이렇게 복잡하게 해요?"

"갈수록 질문이 날카로와지는군. 그럼 이렇게 생각해보세. 엄마가 깍두기를 만드실 때 무를 써시는 걸 본 적이 있겠지?"

"네."

"그거하고 같은 원리지."

"네? 무 써는 거하고 효소하고 무슨 관계가 있어요?"

"깍두기를 만들 건데 무를 한 번에 깍두기 크기로 하나 하나 썬다면 한참 걸리고 잘 썰 수도 없지 않나? 그러니까 우선 무를 적당한 크기로 자르고 나서 방향을 바꿔서 또 자르고 이렇게 하면 짧은 시간 동안 더 쉽게 자를 수 있겠지?"

"아- 그렇군요."

"거기다 영양소를 대충 잘라 놓으면 소화효소와 만나는 면적도 그만큼 넓어진다네."

"정말 신기해요. 어떻게 그런 복잡한 일을 알아서 척척하지요?"

"그건 생물이 오랫동안 지구에 살면서 얻어진 능력이지만 그 누구도 정확하게 설명하기는 어렵다네. 그냥 '소화의 신비'라고 해두지."

한동안 별 말 없이 바깥만 보다가 꾸벅꾸벅 졸기도 하고 잠깐 잠
도 잤던 것 같은데 눈을 떠 보면 여전히 소장이었다. 소장은 끝이
없는 긴 터널 같았다.

"박사님, 앞으로 얼마나 더 가야 되는 겁니까?"

아빠는 불만에 가득찬 목소리로 물었다.

"이제 지치신 모양이군요."

"박사님은 안 그러세요? 계속 누리끼리한 것들만 지나가고 기껏해
야 가끔 소화 안돼 김치 조각인지 시금치 조각인지만 지나가는 걸요."

"하긴 그렇군요. 소장이 워낙 기니까……."

 스피드 퀴즈

1. 소장의 총 길이는?
   ① 3미터   ② 6미터   ③ 9미터   ④ 10미터 이상

2. 소장에서 음식물이 움직이는 속도는?
   ① 초속 1센티미터   ② 초속 10센티미터
   ③ 초속 25센티미터   ④ 초속 100센티미터

3. 소장이 자극을 받아 설사가 날 때 음식물이 움직이는 속도는?
   ① 초속 1센티미터   ② 초속 10센티미터
   ③ 초속 25센티미터   ④ 초속 100센티미터

4. 소장이 한 끼 식사를 처리하는 데 걸리는 시간은?
  ① 1시간 정도   ② 2시간 정도   ③ 4시간 정도   ④ 10시간 정도

정답

1. ②. 소장의 길이는 6-7미터로 우리 몸의 소화 기관 중에서 가장 길다.

2. ①. 소장은 연동운동에 의해 1초에 1-2센티미터 정도의 속도로 음식물을 대장으로 밀어낸다.

3. ③. 소장 벽이 유독물질에 의해 자극을 받거나 흥분상태가 되면 정상적인 운동을 하지 못하게 되어 음식물이 초속 25센티미터의 속도로 빠르게 지나간다. 이것은 세계에서 가장 빠른 100미터 달리기 선수보다 2배 이상 빠른 것이다. 이렇게 되면 영양분이고 물이고 제대로 흡수되지 않아 설사가 난다.

4. ③. 소장에서 한 끼 식사를 처리하는 데 걸리는 시간은 보통 4~5시간 정도라고 한다. 물론 설사가 날 때는 더 빠르겠지만.

"다들 지겨워하니까 꼬불꼬불 소장 롤러코스터를 타 볼까? 먼저 안전벨트를 단단히 매도록 하게. 자, 그럼 출발!"

박사님은 제트엔진을 발동시켜 롤러코스터를 타듯이 빠르게 누르스름한 갈색(좀더 정확하게 말하면 연한 똥색)의 강물을 가르며 달렸다. '씽씽' 물살 가르는 소리는 엄청나게 컸다. 음식물의 강 속에 떠

있는 소화되지 않은 건더기와 충돌할 뻔한 아슬아슬한 위기도 몇 번이나 넘겼다.

넓게 트인 대장 속으로

　갑자기 확 트이는 넓은 곳이 나왔다. 정확하게 말하면 그다지 넓은 것은 아니었지만 좁은 소장에서 한참을 보냈던 꼬르륵 박사님, 아빠 그리고 나에게는 그렇게 느껴졌다.

　"드디어 대장에 도착했군."

　꼬르륵 박사님의 말씀.

　"이제 숨이 확 트이는 것 같군요."

　아빠의 말씀.

　"근데 이상해요. 소장에서 본 것 같은 융털이 없어요."

　나중에 여러분이 뱃속탐험에 참가하게 되면 융털이 없는 곳이 나오면 대장에 온 것으로 알면 된다. 융털이 없는 건 대장에서는 영양소를 흡수하지 않기 때문인 것 같았다.

"여기가 대장의 시작인 맹장일세."

"맹장염이라고 할 때의 그 맹장 말이에요?"

"맹장염? 그렇게들 많이 알고 있지만 정확히 말하면 충수염이라고 할 수 있지. 충수는 충양돌기라고도 부르는데 맹장 끄트머리에 삐죽이 달려있는 작은 관일세."

"여기서 볼 수 있나요?"

꼬르륵 박사님은 두리번 거리며 뭔가를 찾으시더니 뒤쪽에서 작은 구멍을 발견하고는 캡슐을 그쪽으로 움직이셨다.

충수 입구는 반달모양의 막으로 덮여 있는데, 통로가 너무 비좁아 보였다. 박사님 말씀으로는 길이가 6-7센티미터쯤 되고, 끝이 막혀 있다고 한다.

"음, 더부룩 군의 충수는 건강한 편이군."

"건강하지 않은 충수는 어떤데요?"

"충수는 병균에 감염되기 쉽다네. 나름대로 감염에 맞설 방어태세를 갖추고 있어서 감염이 되면 부풀어 올랐다가 다시 정상으로 되기도 하지만……."

"그런데요?"

"때로는 그 정도가 심해서 터지기도 하지. 그러면 충수에 있던 수많은 세균이 뱃속의 다른 부분까지 퍼져 염증이 생긴다네. 그러니 큰일이지. 이걸 바로 충수염이라고 한다네."

"맹장염, 아니 충수염에 걸린 친구를 봤는데 무지무지 아파했어요."

"그럴 걸세. 충수염에 걸리면 무릎을 펴기 힘들 만큼 배가 몹시 아프고 열도 펄펄 난다네. 땀도 비오듯이 흘리고 심장도 벌렁벌렁 빨리 뛰지. 이제 맹장을 다 지난 것 같군."

"네? 맹장을 통과했다고요?"

"그렇다네. 맹장은 기껏해야 5-6센티미터밖에 안된다네."

"난 더 길 줄 알았는데……."

"아무래도 대장이 어떻게 생겼는지 좀더 알아야 할 것 같군."

 여기서 잠깐

대장 탐험을 위한 안내서

대장은 소장보다 굵다(그래서 대장인가?). ㅁ자 모양으로 생겼고 소장의 끝부분에서 항문까지 연결되는 1.5미터 정도의 장이다. 크게 맹장, 결장, 직장으로 나뉜다.

맹장 : 오른쪽 아랫배에 있다. 길이가 5-6센티미터밖에 안되는 둥그스름한 주머니 모양의 짧은 부분이다. 맹장 아래에 좁은 관처럼 생긴 충수가 있다. 충수가 어떤 일을 하는지 꼭 집어 말할 수는 없다. 한때 충수는 아무 역할도 하지 않고 쓸데없이 문제만 일으킨다고 생각해서 아기가 태어나면 일부러 충

수를 없애는 수술(충수제거수술을 '맹장수술'이라고 잘못 알고 있는 사람이 많다)을 많이 했지만 요즘에는 면역력과 관련이 있다는 말도 있고 장의 운동을 돕는다는 주장도 있어서 그런 수술을 일부러 하지는 않는다.

결장 : 대장의 대부분을 차지한다. 오른쪽 아랫배에서 배의 윗부분을 돌아 왼쪽 아랫배까지 ∩와 같은 형태로 죽 연결된다. 소장에서 흡수되고 남은 음식물 찌꺼기가 지나가면서 수분과 무기염류를 흡수하고 나머지를 똥으로 만드는 일을 한다.

직장 : 항문으로부터 위로 약 15센티미터쯤 되는 대장의 마지막 부분이다. 항문에 가까운 아랫부분에 똥이 가득 차면 부풀어 오른다. 충분히 부풀면? 화장실로 달려가야지.

항문 : 음식물의 찌꺼기가 나가는 통로이다. 생김새는 말로 표현하지 않아도 알겠지? 직접 눈으로 확인해볼 수도 있다.

"대장은 소장보다 편안한 것 같군요."

아빠는 넓은 대장이 맘에 드시는 모양이다.

"움직임은 그럴지 몰라도 대장이라는 곳은 사실 세균 천지라고 할 수 있지요. 대장에 살고 있는 세균 종류만 해도 백 종이 넘고 수로 따지면 100조 마리가 넘을 겁니다."

"100조요? 100조면 얼마나 되는 거야?"

아빠는 거의 계산이 안되는 표정이셨다. 나? 나 역시 너무 큰 숫자라서 계산 불가능.

"세균이라고 해서 꼭 다 나쁜 건 아니라네. 유산균과 같이 좋은 균도 있고 대장균처럼 나쁜 균도 있다네."

"아참, 박사님께 여쭤볼 게 있어요."

"뭔가? 왕호기심 군."

"요구르트 있잖아요. 그거 유산균으로 만든 거 맞죠?"

"그런데?"

"캡슐 요구르트는 뭐예요? 유산균을 캡슐로 쌌다는 건가요?"

"그렇지."

"우리처럼 유산균이 캡슐에 싸여서 들어간다? 그럼 도대체 뭘로 쌌다는 거예요?"

"맞아, 나도 그게 궁금했어."

아빠도 호기심이 생기신 모양이다.

"유산균의 목적지는 장인데, 위를 지날 때 많이 죽게 된다네. 그래서 더 많은 유산균이 살아 있는 채로 장에 도달할 수 있도록 캡슐로 싸는 거지."

 여기서 잠깐! 돌발 퀴즈

캡슐이 위액으로부터 유산균을 보호할 수 있는 원리는?

① 워낙 막이 두꺼워서 위액이 뚫고 들어오지 못하기 때문
② 위액에 분해되지 않는 특별한 성분으로 되어 있기 때문
③ 캡슐이 위액을 중화시키기 때문

정답은 ②

"그렇다면 입과 위에서는 분해되지 않고 소장에서만 분해되는 성분으로 캡슐을 만들면 되겠네요!"

"그렇다네. 그게 어떤 영양소인지 알고 있나?"

"뭐였더라?……! 지방이다! 지방을 분해하는 리파아제는 이자에서만 나오니까."

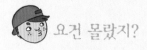 요건 몰랐지?

캡슐 요구르트의 비밀

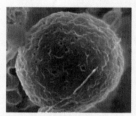
원형 캡슐의 전자 현미경 사진.

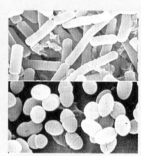
유산균.

요구르트는 유산균으로 우유를 발효시킨 음식을 통틀어서 말한다. 요구르트를 먹는 가장 중요한 이유는 유산균을 이용하여 장 속에 생기는 나쁜 독소를 없애고 장의 운동을 촉진하여 장이 제 기능을 하도록 하는 것이다.

하지만 요구르트를 먹었을 때 유산균이 장에 도달하기까지는 강한 산성인 위를 통과해야 하므로 장까지 살아간다는 게 쉬운 일이 아니다. 더 많은 유산균을 살아 있는 채로 장에 보내기 위해 생각한 것이 바로 캡슐 요구르트.

유산균을 보호하는 막은 위에서 소화되지 않는 지방성분으로 만들어지며, 두께는 천 분의 1밀리미터밖에 안된다. 어떤 것은 막을 두껍게 해서 혀로 캡슐이 있다는 것을 느낄 수도 있는데, 이 경우에는 한 개의 캡슐 안에 2백만 마리 이상의 유산균이 들어있다.

캡슐하면 속이 텅 빈 얇은 막이라고 생각하기 쉽지만, 사실은 빵같이 생겼다고 생각하면 된다. 잘 구운 식빵을 잘라보면 작은 구멍이 많이 있는데, 캡슐 안쪽에도 이런 구멍 같은 것이 있고 여기에 유산균이 들어 있다.

또 하나! 캡슐로 싸지 않았다고 해서 유산균이 모두 위에서 죽는 건 아니라는 것. 캡슐 요구르트는 단지 더 많은 유산균을 살아 있는 채로 장에 보내기 위한 방법으로 개발된 것이다. 그리고 어떤 요구르트든지 빈 속에 먹는 것은 좋지 않다. 그건 위 속이 아주 강한 산성상태이기 때문이지.

대장 속에 똥을 오래 담아두는 - 변비

멀건 죽 같던 음식물 찌꺼기는 앞으로 갈수록 된 죽처럼 변하고 있었다. 조금만 귀 기울이면 대장이 물을 흡수하는 소리가 '쭈욱쭈욱' 하고 들릴 것 같았다. 음식물 찌꺼기는 이제 질퍽해지고 있었고, 우리가 탄 캡슐이 움직이는 속도도 꽤 느려진 것 같았다.

"어? 꼬르륵 박사님, 뭐가 뽀글뽀글 올라와요."

"음, 세균이 가스를 만드나 보군."

가스라고? 그럼 바로 방귀!

"어? 왜 이렇게 흔들리지?"

박사님은 급히 캡슐의 기계를 점검하셨다. 아빠와 난 불안해서 아무 말도 못하고 박사님만 쳐다보았다.

"기계는 이상이 없는데……. 음, 더부룩 군의 대장이 경련을 일으키는 모양이군. 가스도 많고 변비증세가 있는 거 아닌가?"

"변비라고요? 아니 철이라도 소화시킬 것 같이 생긴 사람이 무슨 변비랍니까?"

아빠는 말도 안 된다는 표정으로 물어보셨다.

"변비는 비쩍 마른 여자들만 걸리는 게 아닙니다. 더부룩 군 같이 젊은 사람들의 경우 경련성 변비가 올 수 있지요."

"경련성 변비요?"

"그렇다네. 대장이 흥분하여 경련을 일으켜 변이 앞으로 나아가지 못해 생기는 거지. 배에는 가스가 차고 아프면서 변을 보고 싶은 마음은 굴뚝같은데 화장실에서 힘을 주어도 변이 나오지 않거나 기껏해야 토끼 똥처럼 작은 덩어리가 한두 개 똑똑 떨어져 화장실을 나서면서도 개운치가 않은 증세를 경련성 변비라고 한다네."

"내 친구는요, 함께 야영을 가면 불안해서 똥을 못 눈대요. 그런 것도 변비인가요?"

"생활환경이 바뀌어 잠시 변을 못 보는 것을 변비라고 할 수는 없지. 하지만 그런 일이 반복되면서 습관이 되면 경련성 변비가 될 수는 있겠지."

"근데 변비에도 종류가 있나요?"

"물론 있지. 경련성 변비 말고도 대장에 병이 나서 생기는 기질성 변비도 있고, 대장운동이 약해서 생기는 이완성 변비도 있고, 직장에 걸려서 변이 나오지 않는 직장형 변비도 있다네. 약국에서 흔히 파는 변비약은 이완성 변비 치료제라네."

그때 아빠가 뭔가 생각났다는 듯이 눈을 반짝이며 말했다.

"그럼 대장 속의 똥을 싹 쓸어내면 변비가 해결되겠네요."

"그게 장세척인데, 인위적으로 자주 하게 되면 스스로는 변을 잘 볼 수도 없고 대장의 기능도 떨어지게 되지요. 정상적으로 변을 볼 수 있도록 해야지."

"그러면 어떻게 해야 하나요?"

"어떻게 하는지 잘 알고 있을텐데? 영양소를 골고루 섭취하고 특히 섬유소가 든 채소와 과일을 많이 먹어야지. 또……."

"규칙적으로 운동도 해야지요."

"역시 잘 알고 있군. 더부룩 군도 왕호기심 군처럼 잘 알고는 있지만 매일 인스턴트 음식을 입에 달고 사니……, 원. 식습관이 나빠서 문제야. 여기 들어온 김에 자극 좀 줄까?"

꼬르륵 박사님은 캡슐의 로봇팔로 대장을 쓱 긁었다. 나중에 들으니 더부룩 아저씨는 배가 아파 연신 화장실을 들락거렸지만 별 효과는 없었다고 한다. 꼬르륵 박사님은 장난꾸러기 같다.

변비에 대한 스피드 O, × 퀴즈

1. 매일 똥을 누지 못하면 변비에 걸린 것이다.
2. 화장실에 가고 싶은 걸 참으면 변비에 걸리기 쉽다.
3. 화장실에 가면 똥이 나올 때까지 오랫동안 앉아 있는다.
4. 술과 담배는 변비의 원인이 된다.
5. 변비에 걸리면 식사량을 줄이는 것이 좋다.
6. 유산균 음료를 마시면 모든 변비를 치료할 수 있다.
7. 변비약을 먹으면 모든 변비를 치료할 수 있다.
8. 물과 채소를 많이 먹으면 변비를 예방하는 효과가 있다.
9. 변비는 여자에게만 있다.
10. 자주 물구나무서기를 하는 것이 변비를 없애는 데 효과가 있다.

정답

1. ×, 매일 똥을 누어야 정상인 것은 아니다. 3~4일에 한 번 누더라도 아무 불편이 없으면 정상이고, 매일 변을 보지만 시원하지 않고 여전히 뭔가 남아 있는 느낌이 들어 불쾌감을 느끼면 변비의 가능성이 있다.

2. ○, 화장실에 가고 싶은 것을 자주 참게 되면 나중에는 똥이 직장에 꽉 차있어도 마렵지 않게 되어 변비에 걸릴 수 있다.

3. ×, 화장실에는 5분 정도 있는 것이 적당하다. 신문이나 책을 보면서 변비와의 싸움을 하는 사람이 있는데, 이것은 변비를 더 악화시킨다고 한다.

4. ○, 술과 담배는 장의 연동운동이 잘 안 일어나게 해 변비의 원인이 된다. 아빠, 술하고 담배 이제 줄이세요.

5. ×, 식사량이 많을수록 대변의 양도 많아져 똥을 누기가 쉬워진다. 아침식사를 거르는 사람 중에 변비인 사람이 많다고 한다. 세끼를 거르지 말고 꼬박꼬박 먹는 것이 좋다.

6. ×, 유산균 음료는 장의 기능을 도와 변비치료에 도움을 주기는 하지만 변비인 사람 모두에게 효과가 있는 것은 아니다.

7. ×, 같은 변비라도 원인이 다르면 치료방법도 달라져야 하는 법! 시중에서 파는 대부분의 변비약은 이완성 변비 치료제이다. 이와는 다른 원인에 의해 생기는 경련성 변비에는 효과가 없는 경우가 많다. 그러므로 변비에 걸렸다고 이것저것 약부터 사먹지 말고 병원에서 그 원인을 알아본 후 적절한 치료를 하는 것이 필요하다.

8. ○, 물을 너무 적게 마시면 수분이 적어 똥이 딱딱해지고 누기가 힘들어진다. 그래서 하루에 물을 8컵 정도 마시는 것이 좋다고 한다. 또, 채소에는 섬유소가 많은데, 섬유소는 대장에 사는 세균들의 작용이 활발하도록 만들어 대장이 정상적으로 연동운동을 잘 할 수 있도록 돕는다.

9. ×, 변비는 남자에게도 있다. 하지만 여자에게 더 흔하게 나타난다. 그 이유는 다이어트, 운동부족, 몸에 달라붙는 옷, 예민한 신경과 여자에게 많이 분비되는 호르몬이 대장운동의 훼방꾼이 되기 때문이다.

10. ○, 변비와 치질은 두 발로 걷는 사람에게 생기는 병이다. 엉덩이가 심장보다 아래에 있어서 혈액순환이 잘 되지 않는 것이 원인이기도 하므로 물구나무서기를 하는 것이 변비와 치질을 없애는데 효과가 있다고 한다.

똥 속에 갇히다

직장에 가까워질수록 음식물 찌꺼기는 수분을 잃고 점점 더 단단해졌다. 그와 함께 우리가 타고 있는 캡슐도 점점 똥 더미 속에 묻혀 움직일 수 없게 되었다.

"박사님, 이제 우리 어떻게 밖으로 나가요?"

"더부룩 군이 변을 봐야 나갈 수 있네."

"언제 똥을 누게 되는데요?"

"직장에 똥이 가득 차서 직장이 부풀고 항문이 늘어나면 그 자극으로 똥을 누고 싶어지게 된다네. 이걸 '변의'라고 하지. 변의가 생기면 똥이 나가지 못하도록 잔뜩 긴장하고 있던 항문의 근육이 느슨해지면서 변을 볼 수 있게 되는 거라네."

"변의가 안 생기면요?"

"그러면 자꾸 똥을 안 누고 참게 되어 변비가 될 수도 있고, 언제 똥을 눌지 몰라 슬금슬금 새듯이 옷에다 똥을 싸게 되기도 하지."

"네? 옷에다 똥을 싼다구요?"

"그렇다네. 유분증이라는 병은 똥을 가릴 나이가 되었는데도 못 가리고 옷에다 싸는 증상을 말한다네."

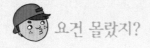 요건 몰랐지?

대변을 못 가리는 병 - 유분증

만 네 살이 넘었는데도 대변을 못 가리고 자기도 모르게 반복해서 옷에다 똥을 싸는 경우를 말한다. 이런 증상이 나타나는 이유는 여러 가지이다.

체질적으로 대장의 운동이 약해서 대변이 대장 안에 오래 머물러 있어서 생길 수도 있고, 똥오줌을 가리는 훈련을 할 때 부모가 너무 강압적으로 해서 똥 누기를 두려워해서 생길 수도 있다. 또, 똥을 눌 때 심하게 아팠던 경험이 있어서 자꾸 참고 있다가 실수를 하기도 하고, 다른 병을 치료하기 위해 사용한 약 때문에 생길 수도 있다.

이럴 경우 대개는 냄새 때문에 친구들한테 놀림을 당하거나, 부모에게 혼나는 것 때문에 자신감을 잃고 말이 없어지는 등 심리적으로 문제가 생기기 쉽다. 여자아이보다 남자아이에게 서너 배 정도 많이 나타난다.

"전에 텔레비전에서 본 어떤 아이는 초등학생인데도 기저귀를 하고 다녔어요. 늘 똥냄새가 난다고 친구들이 '똥파리'라고 놀리던데……. 그러면 안 되겠네요?"

"그렇지, 그럴수록 그 친구는 증상이 더 심해지니까 자연스럽게 대해서 스스로 대변을 가릴 수 있도록 도와주어야겠지."

"정말 그래야겠어요. 그런 병이 있다는 것도 모르고……."

"내가 똥 속에 갇혀 있게 될 줄은 꿈에도 생각 못했는데……."

아빠는 조금 불안하신 모양이다. 사실 나도 그렇긴 하다. 캡슐이 똥에 눌려 터지지는 않을까 하는 걱정이 되었으니까.

"왕호기심 군, 너무 걱정하지 말게. 아버님도요."

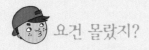 요건 몰랐지?

똥이 알려주는 모든 것

아버지의 똥을 먹은 효자 이야기

옛날에 아버지를 끔찍이 섬기는 효자가 있었다. 아버지가 시름시름 앓자 매일 신령님께 정성스럽게 기도를 드렸다. 어느 날 꿈속에 신령님이 나타나 이르기를 '아버지의 변(똥을 말한다. 신령님이 우리처럼 똥이라고 말할 수는 없잖아)이 쓰면 건강을 회복하는 것이지만 변이 달면 죽을 것이다'고 했다. 효자는 아버지가 건강해질 것이라는 소망 반, 걱정 반으로 매일 아버지의 똥을 맛보았다. 정말 대단한 효자다. 아버지의 똥 맛이 쓰면 효자는 한없이 기뻤다. 그러던 어느 날 아버지의 똥에서 단맛이 나자 효자는 아버지 대신 자기를 데려가라며 눈물로 기도를 한다. 결국 아들의 효성에 감동한 신령님은 아버지를 낫게 해주었다.

⇒ 과학으로 풀어보면?

건강한 사람은 단맛을 내는 영양소를 몸 밖으로 내보내지 않는다. 그러니까 똥에서 단맛이 난다면 몸에 이상이 생겼다는 뜻이다. 오줌에서 단맛이 나는 당뇨병처럼 말이다. 똥의 색, 모양, 단단한 정도, 양, 냄새는 어떤 음식을 먹고 얼마나 잘 소화되었는지를 드러낸다고 하니, 똥을 잘 관찰하는 것이 곧 자신의 건강을 진단하는 방법이다.

똥 – 색, 모양, 냄새도 가지가지

건강한 똥 : 약간 황금빛이 나는 갈색이다. 잘 먹고 쉽게 쑥쑥 잘 나오는 똥을 기준으로 삼으면 된다. 그런데 우유를 너무 많이 마시면 좀 하얗고, 토마토나 딸기를 먹었을 때는 약간 붉다.

녹색 똥 : 엄마 젖을 먹는 아기의 똥은 연한 녹색이다. 아기가 놀라거나 소화가 잘 안 될 때도 녹색 똥을 눌 수 있다. 오랫동안 녹색 똥을 누고 똥에 수분이 많으면 장염일 수 있다.

물 위에 뜨는 똥 : 똥 속에 방귀로 빠져나가지 못한 가스가 많이 포함되어 있을 때이다. 음식물 속의 지방성분이 제대로 소화되지 않을 경우에도 이런 똥을 눈다. 특별한 약을 먹은 게 아니라면 지방의 소화에 문제가 있으므로 진찰을 받아 보는 게 좋다고 한다.

피가 섞여 나오는 똥 : 피가 섞여 나온다면 치질일 가능성이 크다. 이럴 때는 빨리 치료를 받아야 한다.

아이스크림처럼 쌓인 똥 : 섬유소를 적게 먹고 고기를 많이 먹는 경우에 이런 똥을 눈다. 야채를 많이 먹도록.

바나나모양으로 길쭉한 똥 : 섬유소를 많이 먹는 사람들은 대개 이런 똥을 눈다.

설사 : 차가운 걸 많이 먹거나 우유 같은 음식이 소화가 안되면 설사를 하게 된다. 노란색에 달걀 썩는 것 같은 냄새가 난다.

토끼똥 : 토끼처럼 동글동글하고 딱딱한 똥을 누는 건 물을 잘 안 마시거나 섬유소가 부족하다는 뜻. 심하면 똥이 딱딱해서 누기 어렵고 억지로 누다가 항문이 찢어지거나 상처가 나서 피가 날 수도 있다.

음식 찌꺼기가 섞인 똥 : 참외 씨나 포도 씨가 똥에 섞여 나오면 걱정할 것 없다. 씨는 원래 소화가 안되는 거니까 지극히 정상이다.

똥나라에서는요(믿거나 말거나)

一똥나라 사형제도는? 똥침

一똥나라 아이들 최고놀이는? 똥딱지

一똥나라 최고 기사는(여기서 기사란 말 타고 칼 들고 싸우는 기사를 말한다)? 똥끼호테

一똥나라 수호신은? 방귀

一똥나라 수건은? 화장지

一똥나라 무덤은? 화장실

一똥나라 개 짖는 소리? 똥구 멍! 똥구 멍!

一똥나라 고양이 울음 소리? 똥구냐아오옹

一똥나라 닭 울음소리? 똥끼오

一똥나라 쥐는? 뿌지쥐

一똥나라 대문은? 항문

—똥나라 왕비는? 변비
—똥나라의 새는? 똥냄새
—똥나라 용은? 똥구뇽

"박사님, 더부룩 군이 똥을 눌 때까지 한없이 기다리기보다는 다른 방법을 쓰면 어떨까요?"

아빠에게 뭔가 좋은 생각이 떠오른 모양이다.

"좋은 방법이 있으십니까?"

"똥이 점점 더 단단하게 많이 쌓이기 전에 캡슐의 제트엔진을 가동시켜 더부룩 군의 항문 쪽으로 가는 겁니다. 그래서 더부룩 군의 항문을 자극해서 똥을 누고 싶게 만드는 거지요."

"성공할 지는 모르겠지만 좋은 생각입니다. 먼저 더부룩 군에게 우리를 받을 준비를 하라고 신호를 보내야겠군요."

박사님이 캡슐 조정석에 있는 초록색 단추를 눌렀다. 더부룩 아저씨가 우리가 나갈 거라는 신호를 제대로 알아들었어야 할 텐데……. 난 똥과 함께 변기 속에 빠져 죽고 싶지는 않다구.

"출발합니다. 많이 흔들릴 테니 꼭 잡으세요."

박사님이 제트엔진을 가동시켜 점점 단단하게 조여오는 똥 속을 드릴로 뚫듯이 하여 아래로 아래로 내려갔다. 뭔가 이상한 혹같은데 부딪쳤다고 생각한 순간 더부룩 아저씨가 '악' 하고 지르는 비명 소리를 들었다. 그리고는 밑으로 뚝 떨어졌다. 더부룩 아저씨가 똥을 눈 것이다.

드디어 몸 밖으로

너부룩 아저씨가 똥 속에서 우리를 잘 찾아낼 수 있을까?

"야, 찾았다!"

현미경까지 동원해 똥무더기에서 우리를 찾아 낸 더부룩 아저씨는 우선 캡슐을 물에 헹궜다. 온 세상이 환해졌다. 드디어 몸 밖으로 무사히 나온 것이다.

'확대광선'을 쏘이고 우리는 다시 원래대로 돌아왔다. '축소광선'을 맞았을 때와는 달리 정신을 잃지는 않았지만 한동안 멍했다.

난 무사히 나온 것이 기뻐서 눈물이 핑 돌았다.

"박사님 잘 다녀오셨습니까? 아저씨도, 왕호기심 너도."

"고생 많았네, 더부룩 군. 근데 이제는 정말 인스턴트 음식 좀 그만 먹게나. 자네가 대장에 쌓인 숙변을 봤어야 하는 건데."

"박사님 마지막에 대체 어딜 건드리신 거예요? 아파 죽는 줄 알았습니다. 이상 끝."

더부룩 아저씨는 아직도 아픈지 얼굴이 뻘겋고 눈가에는 눈물 자국까지 있었다.

"글쎄? 뭐였는지 확실히는 모르겠는데……. 자네 혹시 치질 있는 거 아닌가?"

"아, 아니에요. 무슨 말씀을."

"농담일세. 하지만 아까도 말했듯이 식습관을 고치지 않으면 변비가 심해져 치질이 생길 수도 있을 걸세."

"네, 알았습니다. 앞으로 채소도 많이 먹고 인스턴트 음식은 조금만 먹겠습니다. 이상 끝."

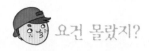 요건 몰랐지?

소화에 관한 이야기 바로 보기, 뒤집어 보기

방귀가 잦으면 똥을 눈다.

바로보기 : 어떤 일이 생길 것 같은 징조가 자주 나타나면, 결국엔 그 일을 당하게 된다.

뒤집어보기 : 방귀는 정상인 사람에게도 늘 나타나는 자연스런 현상이니 방귀가 나온다고 꼭 똥을 누는 건 아니다. 하지만 속이 좋지 않아서 방귀가 자주 나온다면 설사가 날 수도 있다.

방위 보아 똥 눈다.

바로보기 : 상대방의 됨됨이를 보아 그것에 맞추어 대접을 한다.

뒤집어보기 : 그런 사람 없다. 화장실 생긴 모습대로 똥 눈다.

간에 가 붙고 쓸개에 가서 붙는다.

바로보기 : 이것저것 가리지 않고 자기한테 이로운 사람한테 붙어서 아첨한다.

뒤집어보기 : 간에 가서 붙고 쓸개에 가서 붙는 건 없다. 만일 그렇다면 당신은 죽을 병에 걸렸을지도 모른다(너무 심했나?).

비슷한 말 : 간에 가 붙고 염통에 가서 붙는다(염통은 심장을 말한다).

두부 먹다 이 빠진다.

바로보기 : 마음 놓고 있다 오히려 화를 당하다.

뒤집어보기 : 두부를 먹다 빠진 이는 그동안 몹시 아프고 심하게 흔들리던 이다. 아직까지 두부를 먹다가 진짜로 이가 빠진 사람이 있다는 얘기는 들어 본 적이 없다. 두부 먹다가는 절대 이가 안 빠진다고 생각해서 만든 말이다.

조금 비슷한 말 : 믿는 도끼에 발등 찍힌다.

사촌이 땅을 사면 배가 아프다.

바로보기 : 남이 잘 되는 것을 시기하는 마음을 말한다.

뒤집어보기 : 배(위와 창자)는 우리 기분에 아주 민감하기 때문에 사촌이 땅을 샀을 때 아플 수 있다. 단, 사이가 안 좋아서 미워하는 사촌일 경우에.

방귀 뀐 놈이 성 낸다.

바로보기 : 자신이 잘못하고도 되려 성을 낸다.

뒤집어보기 : 방귀 뀌고도 성 내는 사람은 뻔뻔한 사람이다. 보통은 방귀 뀌면 누가 알까 두려워서 얼굴이 빨개지니까.

간땡이가 부었다(간땡이란 '간'의 속된 말이다).

바로보기 : 겁도 없이 무모하다.

뒤집어보기 : 간이 부으면 건강에 이상이 생겼다는 말이다. 그러니 간땡이가

부으면 큰일난다.
비슷한 말 : 간땡이가 크다.

아침에 똥을 누는 사람이 건강하다.
뒤집어보기 : 아침에 똥을 누면 시원하다. 하지만 똥을 언제 누는가는 습관
에 의한 것이다. 건강하다고 해서 반드시 아침에 똥을 누는 건 아니다. 언제
누더라도 규칙적으로 편하게 똥을 눌 수 있다면 건강한 것이다.

건강한 방귀 한 방이 천 가지 약보다 낫다.
뒤집어보기 : 몸에 필요 없는 가스를 몸 밖으로 내보내는 것은 건강에 좋지
만, 모든 방귀가 좋은 건 아니다. 고약한 냄새를 풍기는 방귀를 많이 뀌는
사람은 그만큼 장 안에 노폐물이나 나쁜 세균이 많다는 증거가 된다.

집으로 돌아오다

이제 연구소를 떠날 시간이었다. 연구소에 올 때와는 달리 난 아빠의 손을 꼭 잡고 가게 되어서 기뻤다.

"정말 멋진 여행이었습니다."

"꼬르륵 박사님, 더부룩 아저씨 안녕히 계세요. 다음에 또 놀러 올게요."

갑자기 박사님이 뭔가 생각났다는 듯이 더부룩 아저씨에게 말씀하셨다.

"더부룩 군. 가서 그걸 가져오게."

"알겠습니다. 박사님."

옆방으로 간 더부룩 아저씨는 이상하게 생긴 망치를 가지고 왔다.

"설마 그 망치로 우릴 때리시려는 건 아니지요?"

아빠는 벌써 몸을 뒤로 빼면서 물으셨다.

　"아프지는 않을 겁니다. 이 뿅망치는 여기에서 있었던 일을 잊게
만들어 줄 겁니다."

　"아, 안돼요. 싫어요. 친구들한테 자랑할 건데⋯⋯."

　"왕호기심 군, 영원히 잊는 것이 아니라 우리가 이 일을 더 이상
비밀로 할 필요가 없을 때까지 당분간만 기억 못하게 만드는 걸세.
더부룩 군. 가야 할 시간일세."

　"네, 알았습니다."

　아빠와 나는 뿅망치에 맞고 나서 정신을 잃었다.

　눈을 떠 보니 우리 집 안방이었다. 엄마가 어떻게 된 거냐고 아무

리 물어도 그 하루 반 동안 우리가 어디에 있었는지 전혀 알 수 없었다. 그렇게 시간이 흘렀다.

꼬르륵 박사님 말씀대로 그 뿅망치는 당분간만 기억을 잊게 만드는 것 같다. 요즘에 내가 겪었던 일이 하나 둘씩 생각이 난다. 이상한 건 그 후에도 몇 번인가 더 연구소에 갔던 것 같다는 것이다. 아직 확실히 기억나는 건 아니지만……. 아무튼 또 기억나는 게 있으면 알려 줄게.

그럼, 이상 끝.

생물 선생님의 마지막 한 말씀

　이 책은 여러 사람이 모여서 학생들이 배우고 알았으면 하는 지식을 재미있게 만나게 할 수 있는 방법이 무엇일까를 고민한 끝에 나온 것입니다. 나는 생물학이라는 것은 인간에 대한 관심에서 시작된다고 믿습니다. 이것이 내가 생물학을 전공하게 된 계기이기도 합니다. 생물과 관련지어 가장 먼저 대하게 되는 것은 먹고 싸는 (?) 일입니다. 말도 못하고 기어다니지도 못하는 갓난아기 때부터 죽을 때까지 매일 반복된 일이지요. 그 때문인지 친밀한 사람이 아니더라도 밥 먹었느냐는 인사를 하고, 똥을 소재로 하는 이야기는 항상 유쾌하고 재미있습니다. 그래서 학생들을 위한 생물이야기의 시작을 소화이야기로 하게 되었습니다. 여러분과 같은 또래의 왕호기심이 사람의 몸속으로 들어가서 밥이 똥이 되기까지의 과정을 살펴보는 모험을 함께 하면서 소화과정을 애써서 외운다기 보다는

"아하!"하고 감탄의 한 마디를 외칠 수 있다면 얼마나 좋을까하는 생각을 하면서 이 글을 썼습니다. 과학의 시작은 많은 지식을 외우고 문제를 푸는 것이 아니라 새로운 것을 아는데서 즐거움을 느끼고 궁금한 것을 견디지 못해 직접 실험하는 것을 좋아하는 마음입니다. 이 책을 덮으면서 생물에 대해 더 많이 알았다는 뿌듯함보다는 오히려 더 많은 궁금증을 가지게 된다면 저자로서는 무척 보람된 일일 것입니다.

왕호기심군, 더부룩 아저씨 뱃속으로 들어가다

| 펴낸날 | 초판 1쇄 2004년 11월 25일 |
| | 초판 17쇄 2023년 1월 3일 |

지은이	배미정
펴낸이	심만수
펴낸곳	(주)살림출판사
출판등록	1989년 11월 1일 제9-210호

주소	경기도 파주시 광인사길 30
전화	031-955-1350 팩스 031-624-1356
홈페이지	http://www.sallimbooks.com
이메일	book@sallimbooks.com

ISBN   978-89-522-0312-0   43470
살림Friends는 (주)살림출판사의 청소년 브랜드입니다.